科学养蜂技术图解

编著者

张凤仪　李考文　张　宏　李素红

绘　图

江淑波　张　慧

金盾出版社

内 容 提 要

本书以图文结合的形式，详细介绍了科学养蜂的各项关键技术。内容包括：养蜂生产的特点，蜜蜂的生物学基础知识，蜜蜂的繁殖，蜜蜂的品种与蜂群的购进，蜂场建设和养蜂机具设备，蜜粉源植物，蜂群常规管理技术，蜂群四季管理技术，主要蜜源植物流蜜期的蜂群管理技术，中蜂科学饲养技术，蜜蜂病敌害防治与饲料、蜂具消毒技术，蜂产品生产技术等。文字通俗易懂，内容科学实用，可操作性强，适合养蜂场(户)技术人员和各农业院校相关专业师生阅读参考。

图书在版编目(CIP)数据

科学养蜂技术图解/张凤仪编著.— 北京 ：金盾出版社，2012.1(2019.5 重印)

ISBN 978-7-5082-7113-2

Ⅰ.①科…　Ⅱ.①张…　Ⅲ.①养蜂—图解　Ⅳ.①S89-64

中国版本图书馆 CIP 数据核字(2011)第 155694 号

金盾出版社出版、总发行

北京太平路 5 号(地铁万寿路站往南)

邮政编码:100036　电话:68214039　83219215

传真:68276683　网址:www.jdcbs.cn

北京军迪印刷有限责任公司印刷、装订

各地新华书店经销

开本:850×1168 1/32　印张:4.5　字数:107 千字

2019 年 5 月第 1 版第 7 次印刷

印数:30 001～34 000 册　定价:14.00 元

前 言

养蜂是一项甜蜜的事业。蜂产品香甜可口、营养丰富，为我们提供了纯天然的营养保健食品。

蜜蜂是一种社会性昆虫，过着群体生活。蜜蜂的一生是辛勤劳作的一生，它们积极进取、永不懈怠，在采集花粉的同时为农作物授粉，对农业丰收起到了重要作用。

近年来，随着国民经济的快速发展，人民生活水平的不断提高，人们对蜂蜜、蜂王浆、蜂花粉、蜂胶等蜂产品的需求量越来越多。为此，我们总结了多年基层培训科学养蜂的实践经验，收集整理了有关文献，编写了《科学养蜂技术图解》一书。

本书以图文结合的形式，简明扼要地介绍了养蜂生产的特点，蜜蜂的生物学基础知识，蜜蜂的繁殖，蜜蜂的品种与蜂群的购进，蜂场建设和养蜂机具设备，蜜粉源植物，蜂群常规管理技术，蜂群四季管理技术，主要蜜源植物流蜜期的蜂群管理技术，中蜂科学饲养技术，蜜蜂病敌害防治与饲料、蜂具消毒技术以及蜂产品生产技术等。读者通过看图学习技术，一看就懂、一学就会，学得快、记得牢，再结合实践操作，各项技术就很容易掌握。

本书在编写过程中，参考了一些国内外养蜂专著，在此向原作者表示深深的谢意。

由于笔者水平有限，本书错误、遗漏之处在所难免，敬请广大读者批评指正。

编著者

目录

第一章　养蜂生产的特点

养蜂是我国农村的一项传统养殖业。掌握养蜂的生产特点，对于我们进一步了解蜜蜂对人类的贡献，以及调动人们的养蜂生产积极性，将会产生不可估量的作用。养蜂生产主要有以下几方面特点。

第一，蜜蜂以植物的花蜜、花粉为食物，养蜂不与庄稼争地，不与家禽、家畜争饲料，不需要强壮劳力，规模可大可小，一般农户都可饲养，是农民脱贫致富的好项目（图 1–1）。

图 1–1　家庭养蜂

第二，养蜂不需要投入很多资金，转地养蜂的成本占收入的 50% 左右，定地养蜂的成本仅占收入的 20% ～ 30%。

第三，蜜蜂虽小，但其生产的产品有蜂蜜、蜂王浆、蜂蜡、蜂花粉、蜂毒、蜂胶、蜂蛹、蜂粮、蜂巢等 10 多种。以蜂产品为原料制造的产品，广泛应用于医药、化工、食品等方面，同时还广泛应用于农业、林业等方面。

第四，一般情况下，1 个劳力可以养 30 群左右的蜜蜂，年产蜂蜜 1 500 千克，蜂王浆 20 ~ 30 千克，蜂花粉、蜂蜡、蜂胶 10 千克左右，总计年收入可达 1 万 ~ 1.2 万元，用这笔钱可以购买手扶拖拉机 2 台，或化肥 16 吨，或电动机 26 台。由此看来，养蜂的经济效益是比较高的(图 1–2)。

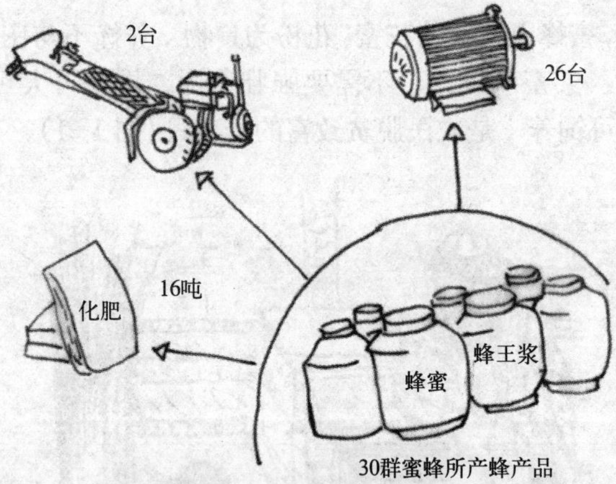

图 1–2　饲养 30 群蜜蜂的年效益

第五，在有条件的地方发展养蜂生产，特别是作为家庭副业是非常划算的。蜜蜂繁殖很快，1 群蜂 1 年内就能发展成 3 ~ 5 群，所以开始养蜂时不需要投入很多资金，可先试养几群慢慢发展，这样当年的投入就可以收回一半，翌年就可以见到效益。

第六，饲养蜜蜂，既可定地饲养，也可转地饲养，亦可定地和转地相结合饲养，饲养方式灵活；由于蜜蜂体小、重量轻，1 只蜂箱便可容纳 1 群蜜蜂，所以转地饲养和购买蜂种时，只要把装有蜜蜂的蜂箱装入卡车，用绳子系紧蜂箱，即可安全运输，非常方便。

第七，蜜蜂是虫媒花作物最好的授粉昆虫。虫媒花作物经蜜蜂授粉后，不但可以增产，还能改善作物的品质，使果实和种子提早成熟，水果可以提前上市，售价高，增加经济效益。向日葵经蜜蜂授粉后，可增产 34% 以上。油菜经蜜蜂授粉后，可增产油菜籽 40% 以上。水果经蜜蜂授粉后，可增产 50% 以上。其增产的产值相当于蜂产品的 10 ~ 20 倍。

第二章　蜜蜂的生物学基础知识

蜜蜂生物学是研究蜜蜂生活和职能的科学，是饲养和管理蜜蜂的理论基础。掌握蜜蜂生物学基础知识，熟悉蜂群的生活习性，了解蜜蜂的群体生活规律，有利于改进饲养管理技术，不断提高养蜂生产水平。

一、蜜蜂的解剖知识

蜜蜂在分类学上属节肢动物门、昆虫纲、膜翅目、蜜蜂属，其体表是由几丁质构成的一层坚硬外壳，也叫外骨骼，其主要作用是保护内脏器官免受机械损伤。蜜蜂全身覆盖着一层绒毛，其中一部分绒毛是空心的，另一部分是实心的。空心绒毛是蜜蜂的触觉器官，实心绒毛除具有保温作用以外，还有黏附花粉粒的作用。

（一）蜜蜂的外部结构

蜜蜂身体的外部结构可分为三大部分，即头部、胸部和腹部(图 2–1)。

1. **头部**　蜂王、工蜂和雄蜂的头部形状虽不相同，但都有眼睛、触角、口器(图 2–2)。

(1) 眼睛　蜜蜂的头上长着 1 对复眼和 3 只单眼。蜜蜂的复眼很大，由 3000 ~ 8000 只小眼组成，着生在头上部两侧面。单眼主要看近处的物体，复眼主要看远处的物体。

(2) 触角　触角是蜜蜂最主要的感觉和嗅觉器官。蜜蜂的触角主要由柄节和鞭节构成，蜂王和工蜂的鞭节是 11 节，雄蜂的鞭节是 12 节。

(3) 口器　蜜蜂的口器由上唇、1 对上颚、1 对下颚和下唇构成。蜜蜂的上颚坚固而具有小齿，能左右移动，其主要作用是咀嚼食物和咬开巢房盖，还有清除巢内异物的作用。雄蜂的上唇很不发达，甚至连封盖蜜的蜜盖都咬不开。下颚和下唇组成长管状的吻，蜜蜂就是通过吻将花蜜吸入蜜囊的。蜂种不同，吻的长度也不相同，吻的长短与蜜蜂的采集能力有很大关系。

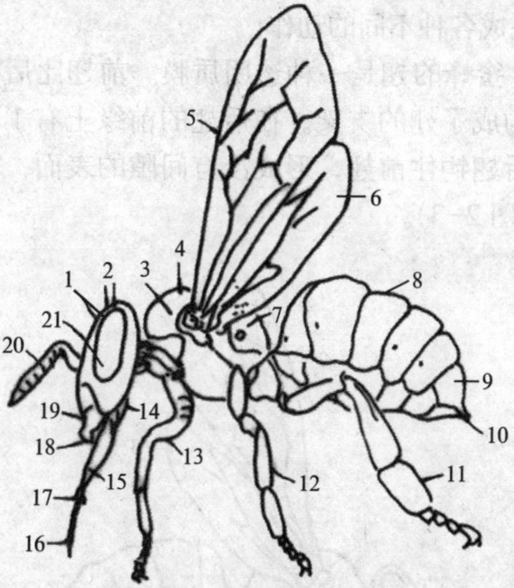

图 2–1　蜜蜂的外部构造

1. 头部　2. 单眼　3. 翅基片　4. 胸部　5. 前翅　6. 后翅　7. 气门　8. 腹部　9. 气门　10. 螯刺　11. 后足　12. 中足　13. 前足　14. 下唇　15. 下颚　16. 中唇舌　17. 喙　18. 上颚 19. 上唇　20. 触角　21. 复眼

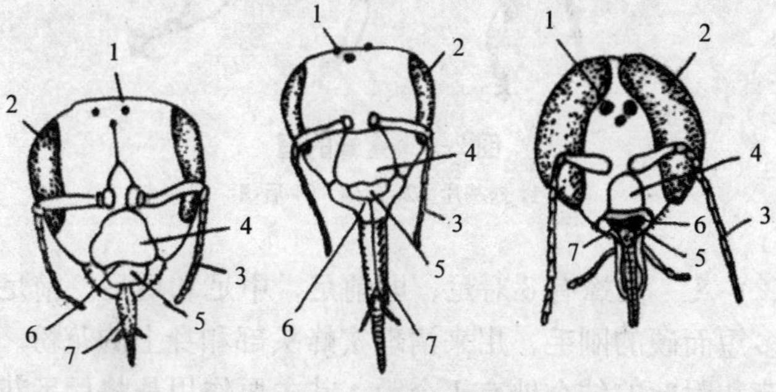

图 2–2　蜜蜂头部构造

1. 单眼　2. 复眼　3. 触角　4. 上唇　5. 下唇　6. 上颚　7. 下颚

2．胸部 蜜蜂的胸部是由前胸、中胸、后胸三部分构成。前胸节由管状膜与头部相连。第一腹节延伸至胸部与胸部相连。在蜜蜂的前、中、后胸上分别长着1对足，分别称为前足、中足和后足。中胸节和后胸节分别着生1对膜质的翅。在胸骨的内侧壁着生有发达的肌肉，它通过收缩和扩张来调节蜜蜂的翅和足，使之完成各种不同的动作。

（1）**翅** 蜜蜂的翅是一种透明质膜。前翅比后翅大，纵横交织的翅脉构成了翅的支架。在后翅的前缘上有1排小钩，在蜜蜂飞行时后翅钩住前翅，形成没有间隙的表面，能增强蜜蜂的飞翔能力（图2–3）。

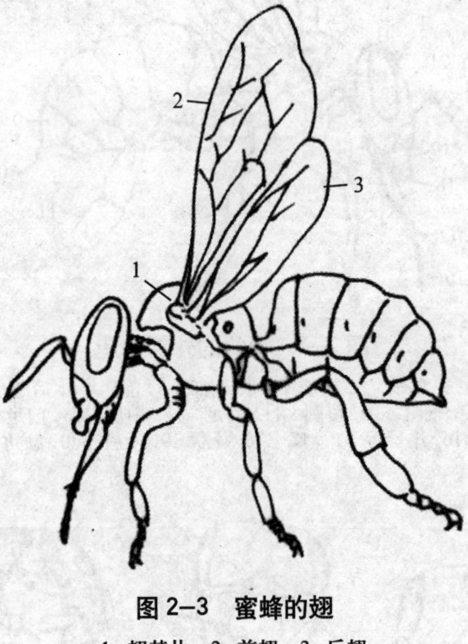

图2–3 蜜蜂的翅

1. 翅基片 2. 前翅 3. 后翅

（2）**足** 蜜蜂有3对足，即前足，中足和后足。前足上长有许多短而硬的刚毛，用来清理蜜蜂头部和身上的花粉。中足在胫节和跗节的结合处有1个距，其主要作用是将后足花粉筐中的花粉粒铲落在巢房里。后足最长，在胫节的外侧面有贮存花粉粒的花粉筐。后足跗节内侧面的花粉刷可将蜜蜂全身绒毛上附着的花粉粒收集到一起，放入花粉筐（图 2–4）。

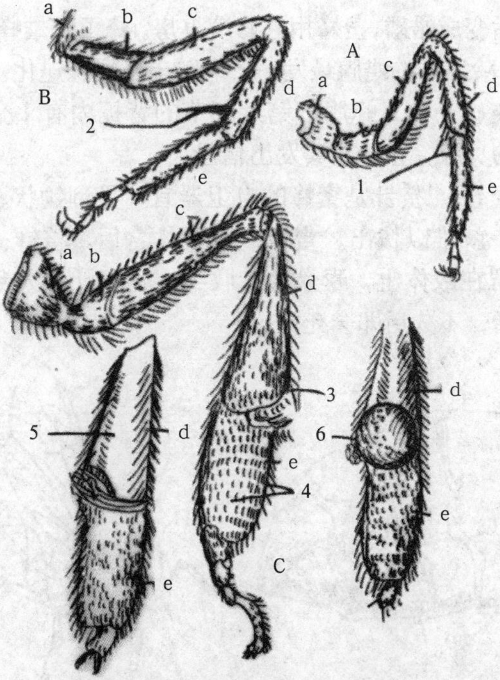

图 2–4 工蜂的足及其特殊构造

A. 前足 B. 中足 C. 后足（中间为后足内表面，两旁为后足外表面）
a. 基节 b. 转节 c. 腿节 d. 胫节 e. 跗节
1. 清角器 2. 距（花粉铲） 3. 夹钳 4. 花粉刷 5. 花粉筐 6. 花粉团

3. **腹部** 蜜蜂的腹部以腹部第二节前端与并胸腹节相连，形成一个很细的腰。工蜂和蜂王的腹部由 6 个环节构成，雄蜂的腹部由 7 个环节构成。每个环节又由 2 个半环节构成。节间由节间膜连接，节间膜有一定的伸缩性，使腹部有巨大的活动性。腹部的这一结构有利于吸水、采蜜、呼吸、排泄等活动。在蜜蜂的腹部长有蜡腺、臭腺（图 2–5）和螫针（图 2–6）等器官。

(1) 蜡腺　蜡腺是已退化的下皮层，成年蜂的下皮层细胞专门分泌蜂蜡。蜡腺位于最后 4 节腹板上，蜡腺的外面有透明的几丁质板，叫做蜡镜。蜡腺分泌的蜡液先附着在蜡镜上，与空气接触后变成蜡磷，蜜蜂用它修筑巢房。蜂王和雄蜂没有蜡腺，12 ~ 18 日龄工蜂的蜡腺最发达，老龄工蜂蜡腺退化。

(2) 臭腺　在工蜂腹部第六环节的背板内有 1 个能分泌挥发性物质的臭腺，蜜蜂用其发出信号。

(3) 螫针　螫针是蜜蜂的自卫器官，呈倒钩状。螫针一旦刺入敌体，就难以拔出。蜜蜂刺蜇敌体之后，螫针、毒腺、毒囊等一并留在敌体上，毒囊继续收缩，将毒汁注入敌体。工蜂失掉螫针后，不久后即会死亡。

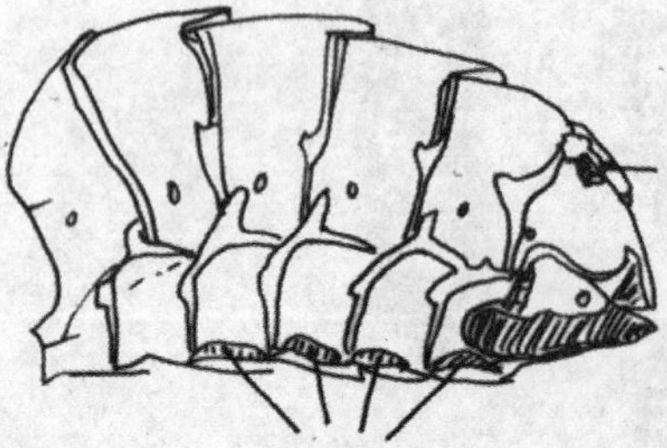

图 2–5　蜜蜂的蜡腺和臭腺

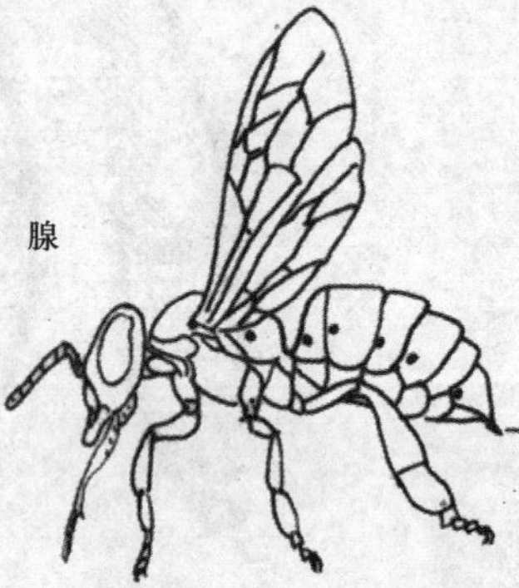

图 2–6　蜜蜂的螫针

(二) 蜜蜂的内部结构

蜜蜂的内部结构可分为消化系统、呼吸系统、循环系统、生殖系统、神经系统几部分。消化系统由舌、食管、蜜囊、活塞瓣、胃、小肠、大肠、肛门组成；呼吸系统由气管、微气管、气门和气囊组成；循环系统由心脏、血管组成；神经系统由中枢神经、交感神经和周缘神经三部分组成；生殖系统因蜂王、雄蜂和工蜂而异，蜂王和雄蜂的生殖器官是发育完全的，蜂王的生殖器官包括卵巢、输卵管、阴道、受精囊等部分；雄蜂的生殖器官包括睾丸、输精管、贮精囊、黏液腺、射精管和阴茎等部分；工蜂的生殖器官发育不完全，卵巢很小，只有 3 ~ 8 条卵巢管，在正常情况下没有生育能力，当蜂群长期无蜂王时，工蜂的卵巢管膨大，形成卵子，但由于没有交尾，产下的卵均为未受精卵(图 2–7)。

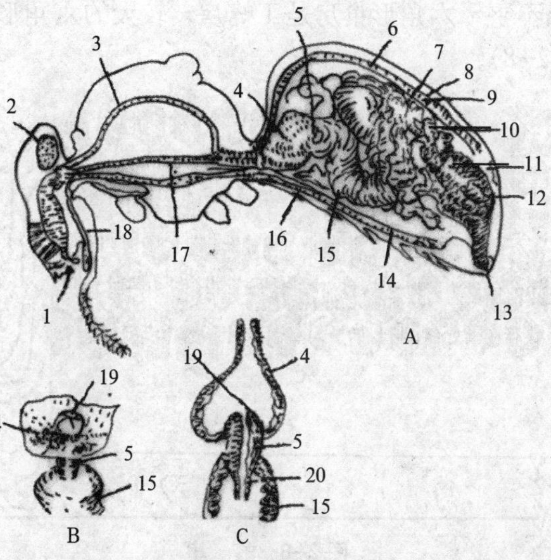

图 2–7 工蜂内部结构

A. 工蜂的纵切面 B. 蜜囊的剖面 C. 蜜囊、前胃和中肠前端的纵切面
1. 口 2. 脑 3. 动脉 4. 蜜囊 5. 前胃 6. 背膈 7. 心脏 8. 马氏管 9. 心门 10. 小肠 11. 直肠腺 12. 直肠 13. 肛门 14. 腹膈 15. 中肠 16. 神经索 17. 食管 18. 涎管 19. 前胃的口部 20. 前胃瓣

二、蜂群的组成及职能

蜜蜂是营群居性生活的昆虫，蜂群由许多只蜜蜂组成，有组织地在蜂巢中生活。1 群蜂通常由 1 只蜂王、1 万 ~ 3 万只工蜂和数百只雄蜂组成，3 种形态的蜂组成一个有机体，是蜜蜂赖

以生存的生物单位。它们同居于一个蜂群中，分工明确，各尽其能，相互依赖，保持群体在自然界里的生存和种族的延续。

蜂巢旧称蜂窝，是蜜蜂居住和生活的地方，是由许多蜡质巢房构成的。野生蜂群在树洞或其他隐蔽的洞穴中构筑蜂巢，人工饲养的蜂群在有活动巢框的蜂箱内筑巢。3 种类型的蜜蜂需要在 3 种特定的巢房里发育，蜂王在王台里发育，王台呈圆锥形，表面凹凸不平；六角形巢房是工蜂房，较大的六角形巢房是雄蜂房（图 2–8）。

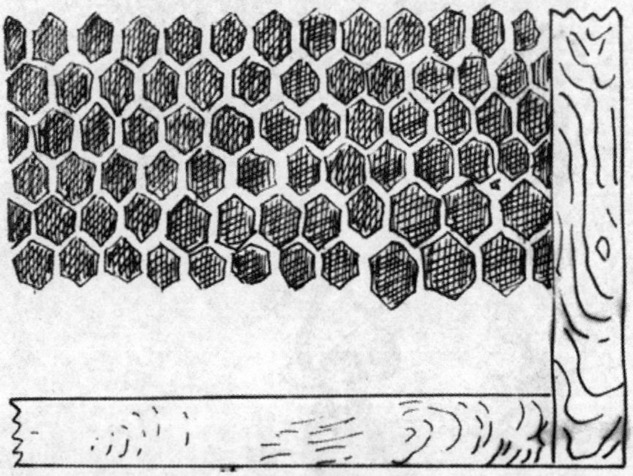

图 2–8 蜂 巢

（一）蜂 王

图 2–9 蜂 王

蜂王是由受精卵发育而成的，是蜂群中生殖器官发育完全的雌性蜂。蜂王头部接近圆形，单眼明显，复眼比雄蜂小，但比工蜂大，复眼间的距离比工蜂远。上颚特别发达，吻短，体型较长，腹部呈椭圆形，翅膀短而窄（图 2–9）。

蜂王有 1 对卵巢，特别发达，卵巢管数目可达 300 多条。它在蜂群中的唯一职能就是产卵，繁殖后代。蜂王的1对卵巢内1天可成熟1 000多粒卵。1只品质优良的蜂王在产卵盛期，一昼夜可产2 000～3 000粒卵。卵的总重量超过蜂王本身体重,1年内可产20万～30万粒卵。

蜂王的寿命可达5～8年，但第二年以后产卵力下降，其生命也难以维持，所以在实际生产中，蜂王使用2年以后，就要被新蜂王替换，称为换王。

蜂王的生活全靠工蜂服侍，如果没有工蜂，它的生命也难以维持。

（二）工　蜂

工蜂的头呈三角形，复眼比蜂王、雄蜂小，距离较近，上颚发达,吻长,翅膀可以覆盖至腹部末节(图2–10)。

工蜂在蜂群中占绝大多数，承担着巢内外的一切繁重劳动，工蜂依其一生中各阶段的生理特性，分别担负着清理蜂巢，饲喂蜂王、雄蜂，哺育幼虫，酿造蜂蜜，修筑巢脾，侦察蜜源，采集花蜜、花粉、树胶和水分，守卫蜂巢和调节蜂群内温、湿度等工作。

图2–10　工　蜂

（三）雄　蜂

雄蜂的头呈圆形，复眼很发达，占头部的一半。腹部呈圆形，很粗。翅膀发达，又宽又长，体重约220毫克，体长15～17毫米，口器、采粉器官和营养腺退化，无螫针。

雄蜂除了在繁殖季节与处女王交尾外，不担负其他任何工作(图2–11)。

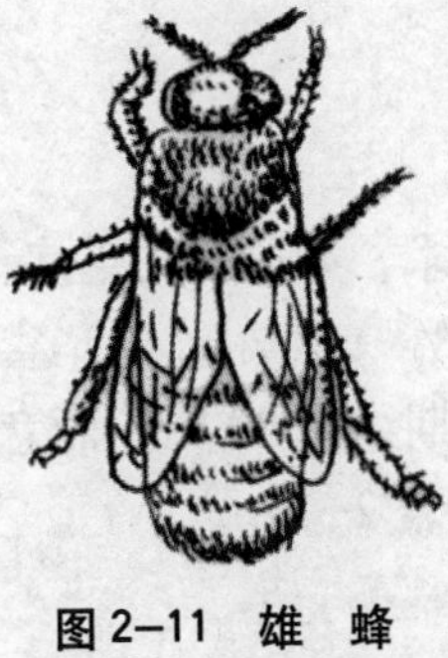

图2–11　雄　蜂

三、蜜蜂的发育

蜜蜂是完全变态的昆虫，3 型蜂都经过卵、幼虫、蛹和成蜂 4 个阶段。

（一）发育过程

最初是卵，呈香蕉形，乳白色，长 1.1 毫米，较大一端是头部，较小一端是尾部。经 3 天卵膜破裂，幼虫孵出，幼虫体表呈白色，有螺旋纹，形如蠕虫，经过 5 次蜕皮变成蛹，颜色由乳白色逐渐变深。蛹在房内不动不食，仅消耗幼虫期体内储备的营养物质，并放出热量，最后咬开房盖出房，即为成虫（幼蜂）（图 2–12）。

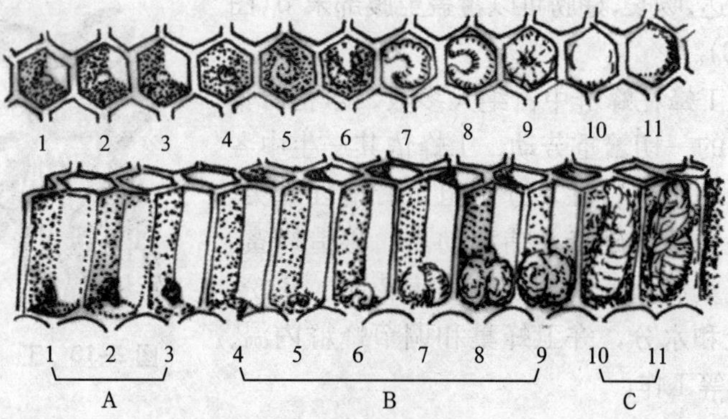

图 2–12　蜜蜂的发育阶段

A. 卵　B. 幼虫　C. 蛹

（二）3 型蜂的发育期

蜜蜂在胚胎发育期有一定的生活条件要求，如适合的巢房、适宜的温度（32℃ ~ 35℃）和适宜的湿度（75% ~ 90%）。中华蜜蜂（简称中蜂）的发育期略短，工蜂的发育期约为 20 天，而意大利蜂（简称意蜂）工蜂的发育期约为 21 天（表 2–1）。

表 2-1　中蜂和意蜂的发育日程　（天）

蜂　种	蜜蜂类型	卵　期	未封盖幼虫期	封盖幼虫期	共　计
中　蜂	工　蜂	3	6	11	20
	蜂　王	3	5	8	16
	雄　蜂	3	7	13	23
意　蜂	工　蜂	3	6	12	21
	蜂　王	3	5	8	16
	雄　蜂	3	7	14	24

掌握各型蜂的发育期，就可以知道蜂群的发展是否正常。掌握蜂王和雄蜂的发育期，就可以安排好人工培育蜂王的工作日程。

四、蜜蜂的生活习性

由于蜂王、工蜂、雄蜂的外部形态和生理功能不同，其在蜂群里的分工亦不同，各自的生活习性也有明显的区别。

在工蜂的一生中，生理变化比较明显，在各个发育阶段承担的任务也不同。根据龄期和生理功能将其分为幼龄期、青龄期、壮龄期和老龄期 4 个阶段。出房 1 ～ 6 天为幼龄期，7 ～ 15 天为青龄期，16 ～ 40 天为壮龄期，40 天后至老死前为老龄期。

蜂王出房后第五天逐渐性成熟，开始婚飞(即出巢交尾)(图 2–13)。交尾成功后，方能产出受精卵，其交尾的时间是出房后 12 ～ 15 天之内。蜂王在一次飞行中能先后与几只雄蜂交尾。雄蜂与蜂王交尾后精液先射入蜂王阴道，通过导管进入蜂王受精囊内，供其一生使用。蜂王一生靠工蜂饲喂。一群蜂中不允许有两只蜂王同时存在，否则相遇即要互相斗杀，直到其中一只战胜对方为止。

图 2–13　婚　飞

雄蜂出房后 7 天左右出巢试飞，12 天后性成熟，可与蜂王交尾。雄蜂由工蜂饲喂，到蜜源中断或晚秋时节，会遭到守卫蜂阻挡和驱逐，最后死于蜂箱外。

五、蜜蜂的行为特点和信息交换方式

了解蜜蜂的行为特点和信息交换方式，就可以在蜜蜂生产中因势利导，采取一些措施，引诱蜜蜂按照人们的意志去进行生产，更好地为人类服务。

（一）蜜蜂的行为特点

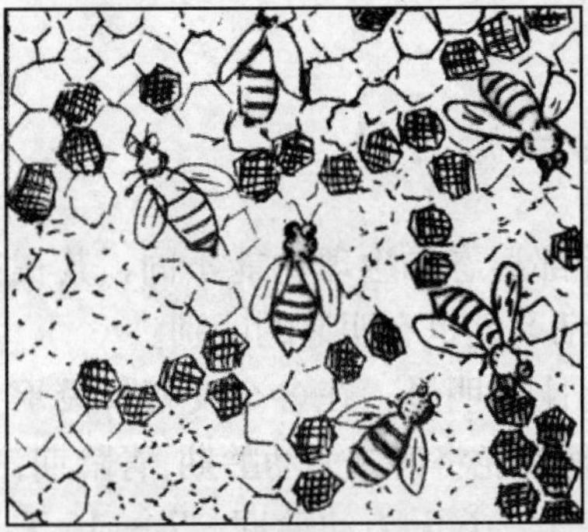
图 2–14 蜜蜂营造巢脾

蜜蜂的行为是一种简单的神经活动，可分为本能行为和反射行为。

本能行为是蜜蜂为了生存和繁殖后代所表现出的自觉的劳动行为，如营造生活所需的巢脾等（图 2–14）；而通过人的训练，使蜜蜂按人们预想的目的而产生的活动称为反射行为。

（二）蜜蜂的信息交换方式

蜜蜂在群体生活中形成了一个可以适应生存、解决问题的信息交换系统，使整个蜂群为了生存和发展，能够有条不紊、协调一致地活动。蜜蜂是通过舞蹈和信息素来传递信息的。

1．**圆舞** 侦察蜂在距离蜂巢 50 ~ 80 米以内较近的地方采回花蜜时，它返回巢内在巢脾上将花蜜反吐出来分给同伴，然后就跳起圆舞。即兜着小圆圈，一会儿向左转圆圈，一会儿向右转圆圈，意思是发现了蜜源，召集同伴出去采集（图 2–15）。

2．**摆尾舞** 蜜蜂在距离蜂巢 100 米以外较远的地方采到花蜜时，它返回巢内在巢脾上吐出花蜜后就跳起摆尾舞，指出蜜源的方向和距离蜂巢的大概距离(图 2–16)。

在一定时间内，摆尾舞的直线能指示距离。15 秒钟内直线爬行 9 ~ 10 次，表示蜜源距离 100 米；重复 6 次，距离 500 米；重复 4 ~ 5 次，距离 1 000 米；重复 2 次，距离 5 000 米。

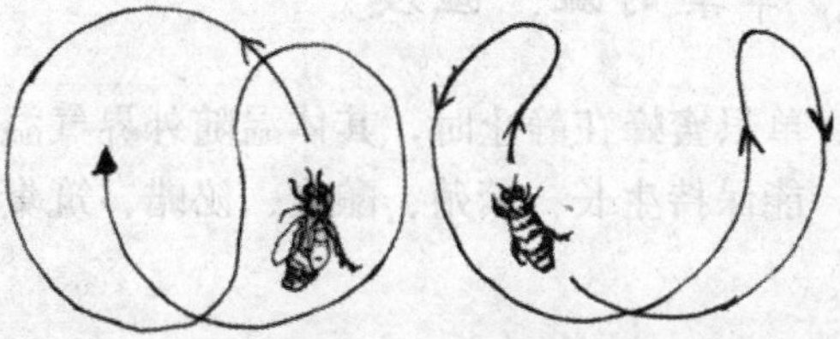

图 2–15　圆　舞

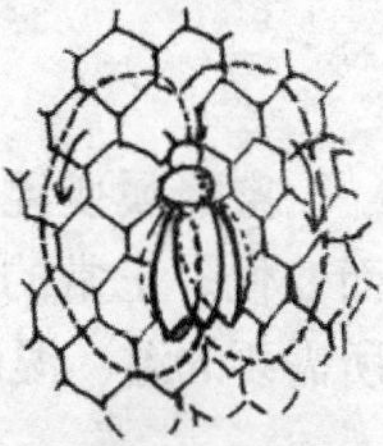

图 2–16　摆 尾 舞

3. **蜜蜂信息素**　蜜蜂长期生活在黑暗的蜂巢中，除依靠接触、声音、舞蹈进行信息传递外，很多信息是通过化学物质传递的。信息素是昆虫外分泌腺分泌到体外的化学物质，通过个体间的接触或空气传播，作用于同种的其他个体，可引起特定的行为和生理反应，所以又称外激素。

蜜蜂信息素的种类见表 2–2 所示。

表 2–2　蜜蜂信息素的种类

蜂　种	信息素种类
蜂　王	蜂王信息素
工　蜂	上颚腺信息素
	告警信息素
	纳氏腺信息素
	跗节腺信息素
	蜂蜡信息素
雄　蜂	雄蜂信息素
蜂　子	蜂子信息素

将人工合成的蜜蜂信息素应用于养蜂生产，可以控制蜂群的自然分蜂，使蜜蜂保持积极的工作状态，增加蜂产品产量；

可用于诱捕分蜂群；在交尾中应用可提高蜂王交尾成功率，并能较长时间地保持交尾群的群势；喷洒在作物上，能提高蜜蜂为农作物授粉的效率，增加作物产量，并改善其品质等，应用前景十分广阔。

六、蜂巢的温、湿度

蜜蜂属变温动物。单只蜜蜂在静止时，其体温随外界气温而变化。正常的蜂群，能保持生长、繁殖、酿蜜、泌蜡、筑巢所需要的温、湿度。

（一）蜂巢的温度

没有蜂子的蜂群，巢内温度一般在14℃～32℃。随着蜂子的出现，蜂巢中温度升高，并保持在32℃～35℃。蜂巢的繁殖适温为34℃～35℃，在27℃时封盖子虽能羽化为成虫，但没有采集力。30℃时羽化期推迟4天，37℃时羽化期缩短3天，同时会有大量封盖子死亡。严冬季节，蜂团外围适温为7℃，蜂团中心适温为24℃～30℃。

（二）蜂巢的湿度

正常蜂巢中央的相对湿度为77%～84%，蜂巢各部位的湿度变动为25%～100%。在流蜜期，蜂巢中央湿度为55%～60%，如果自然界没有流蜜，子脾之间的相对湿度为76%～91%，越冬期最适宜的空气相对湿度为75%～80%。

第三章　蜜蜂的繁殖

蜜蜂的繁殖是养蜂生产中关键的一环。根据蜜蜂的生理特点，正确掌握蜜蜂的繁殖技术，扩大蜂群，提高后代的生活力，是增加养蜂经济效益的重要措施。

一、蜜蜂的生殖器官

（一）雌蜂的生殖器官

蜂王为雌蜂，其生殖器官由1对卵巢、1对侧输卵管、1条中输卵管和阴道、1个受精囊（储精球）、副性腺、1对交尾囊以及螫针等组成（图3–1）。

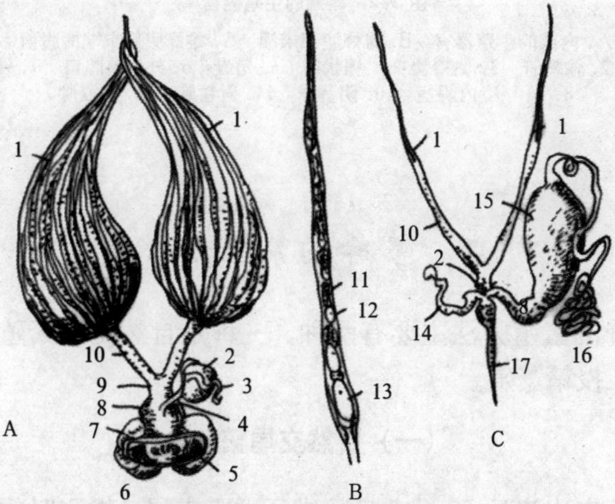

图3–1　雌蜂的生殖器官

A. 蜂王的生殖器官　B. 单条卵巢管　C. 工蜂的生殖器官
1. 卵巢　2. 受精囊　3. 受精囊腺　4. 受精囊管　5. 交配囊口　6. 阴道口　7. 交配囊　8. 阴道　9. 中输卵管　10. 侧输卵管　11. 滋养室　12. 卵室　13. 卵　14. 多佛氏腺　15. 毒囊　16. 毒腺　17. 螫针

（二）雄蜂的生殖器官

雄蜂生殖器官由1对睾丸、2条输精管、1对储精囊、1对黏液腺、1对射精管和阴茎组成（图3–2）。

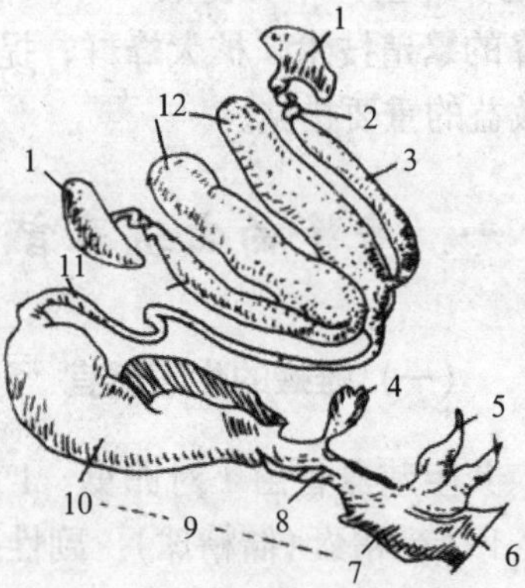

图3–2　雄蜂的生殖器官

A．内部的生殖器官　B．雄蜂腹部末端　C．雄蜂腹部末端的腹面
1．睾丸　2．输精管　3．储精囊　4．穗状突　5．角囊　6．外生殖腔口　7．外生殖腔
8．颈　9．内阴茎　10．阴茎球　11．射精管　12．黏液腺

二、蜜蜂的繁殖方法

蜜蜂的繁殖方法主要有两种，一种是自然交尾繁殖，另一种是人工授精繁殖。

（一）自然交尾繁殖

蜂王在出房后5～15日龄进行婚飞交尾，婚飞时雄蜂将精液射入蜂王阴道和侧输卵管中。雄蜂精液中的精子经24小时左右转移至受精囊，受精囊放出精子使卵受精。受精后的蜂王经过2～5天开始产卵，蜂卵呈乳白色的香蕉形（图3–3）。受精卵产出后经过变态，发育成为幼虫、蛹和成虫(幼蜂)。

图 3-3　蜜蜂的卵

（二）人工授精繁殖

蜂王人工授精技术又称器械授精，是将选定的雄蜂精液注射到蜂王的输卵管内使卵子受精的方法。这是一种严格控制种群交尾的方法，对蜂种纯选和杂交育种等选配工作有着极为重要的作用。

1．**人工授精所需仪器**　蜂王人工授精仪的样式有多种，但基本原理相同，只是安装和操作有所区别(图 3-4)。

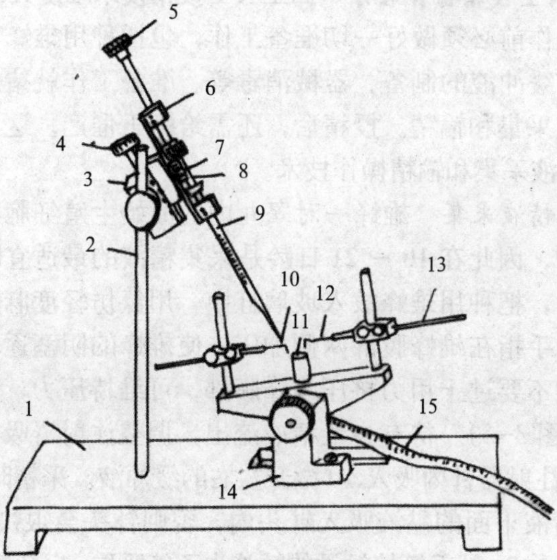

图 3-4　蜂王人工授精仪

1．底座　2．立柱　3．导轨　4,5．推进螺母　6．螺旋推进架　7．夹板螺丝　8．活塞　9．注射器　10．腹钩　11．蜂王固定器　12．背钩　13．手柄　14．可旋转座　15．麻醉气导管

蜂王人工授精仪由两组部件构成，一组部件用于固定蜂王，包括蜂王麻醉管、背钩(螯针钩)、背钩拉杆、腹钩、腹钩拉杆；另一组部件用于采精和输精，包括推进器、注射器、针头、阴道探针。

腹钩和背钩用于拉开蜂王螯针腔，探针用于拨开阴道皱瓣，它们均是用不锈钢丝或铜丝制作而成。

注射器有柱塞式、微调螺旋式、橡胶膜片式、水压式等多种，亦可用50微升的微量注射器加以改制。生产中常用膜片式注射器。膜片式注射器是以螺旋推杆压迫橡胶膜片产生压力从而达到精密控制剂量的目的，注射器针尖尖端外径0.27毫米，内径不小于0.17毫米。

2. 人工授精操作程序 蜂王人工授精技术难度大、要求严，在进行操作前必须做好一切准备工作，包括种用雄蜂和处女王的准备、缓冲液的制备、器械消毒等。准备工作就绪后，方能进行精液采集和输精。授精后，还需给蜂王催产。这里主要介绍一下精液采集和输精操作技术。

（1）精液采集 雄蜂一对睾丸内的原始生殖细胞在蛹期发育成精子，因此在10～21日龄是采集精液的最适宜时期。精液采集时，把种用雄蜂放入玻璃缸中，用氯仿轻度麻醉一下再取出。用手指在雄蜂腹部两侧加压，使雄蜂的阴茎逐步向外翻出，这时不要过于用力挤压雄蜂腹部，可维持压力，使阴茎完全翻出(图3–5)。待有少量精液流出，调整注射器吸取。在采精前，将注射器针内吸入10微升左右的缓冲液。采精时应注意，切勿将精液下面的黏液吸入针头内，否则针头会很快被堵塞；与雄蜂足、翅、绒毛等接触过的精液也不能吸取，以免精液污染。一次采集应吸取8～10微升精液(即12～15只雄蜂的精液)。

（2）输精操作 将处女王放入麻醉管中，通入二氧化碳麻醉。麻醉后置于实体显微镜下用背、腹钩将其螯针腔打开，露出阴道口。调整注射器位置，使注射器对准阴道口。将阴道探针探入阴道口内，压住阴道瓣突。将注射器针头插入阴道口内，并退出探针，继续推进注射器针头，使针头进入中输卵管，直至螫针腔底部的组织即将下陷为止，推动注射器活塞，将精液输入中输卵管。一次注射剂量最多不超过 8 微升，最佳注射量为每次 3 微升，通常注射 2 次，2 次间隔时间为 2～3 天(图 3–6)。

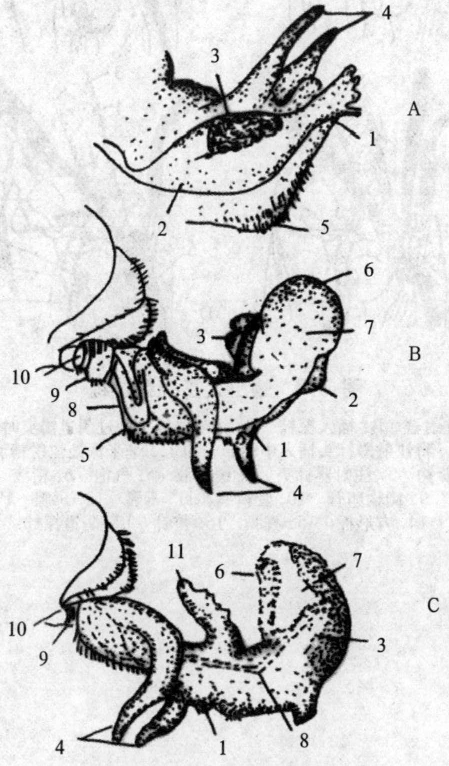

图 3–5　雄蜂阴茎外翻过程

A. 初步外翻　B. 外翻适度并射精　C. 完全外翻
1. 颈部　2. 阴茎球　3. 几丁质板片　4. 角囊　5. 阴茎囊基板　6. 精液　7. 黏液
8. 射精管　9. 阴茎瓣　10. 阴茎基侧突　11. 穗状突

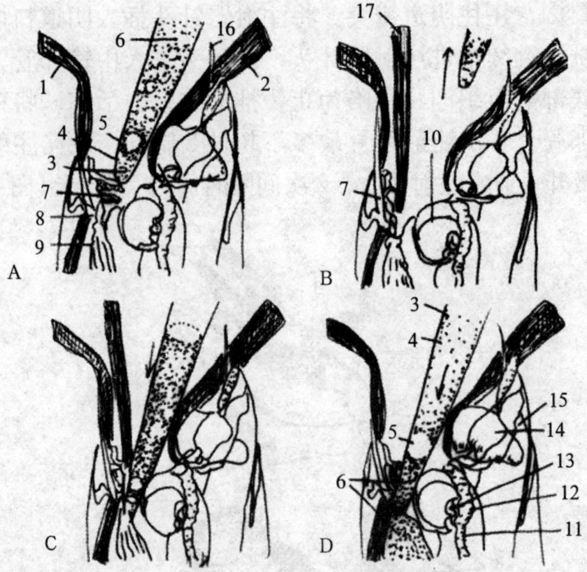

图 3-6　蜂王人工授精过程

A. 调整注射器　B. 插入探针　C. 注射器针头越过阴道瓣突时撤出探针
D. 将注射器针头插入中输卵管约 1.5 毫米深处注射精液
1. 腹钩　2. 背钩　3. 注射器针头　4. 缓冲液　5. 气泡　6. 精液　7. 阴道瓣突
8. 中输卵管　9. 侧输卵管　10. 受精囊　11. 毒囊　12. 毒腺　13. 受精囊腺
14. 方形板　15. 直肠　16. 螫针　17. 阴道探针

第四章　蜜蜂的品种与蜂群的购进

一、蜜蜂的品种

蜜蜂有6个种，即大蜜蜂、黑大蜜蜂、小蜜蜂、黑小蜜蜂、东方蜜蜂和西方蜜蜂。前4种为野生蜂种，在我国海南、广西和云南等地有分布。后2种又包括许多品种，多为自然品种，即地理种或地理亚种。东方蜜蜂包括印度蜂、日本蜂、爪哇蜂以及中华蜜蜂等。西方蜜蜂包括欧洲类型、非洲类型和中东类型3种，如欧洲黑蜂、意大利蜂、卡尼鄂拉蜂、高加索蜂、埃及蜂、叙利亚蜂等。人工选育的蜜蜂品种多为杂交种。

（一）世界著名四大蜜蜂品种及其特点

世界著名四大蜜蜂品种有意大利蜂、欧洲黑蜂、卡尼鄂拉蜂和高加索蜂。这4个品种在世界养蜂业上繁殖量最多，对蜂产品市场的繁荣发挥了重要作用。

1. 意大利蜂　意大利蜂简称意蜂，原产于意大利的亚平宁半岛。其特点是：个体略小于欧洲黑蜂，腹部细长，腹板几丁质为黄色，第二至第四腹节背板前缘具黄色环带，环带的宽窄与色泽深浅变化较大，多为2条黄色环带（图4–1）。

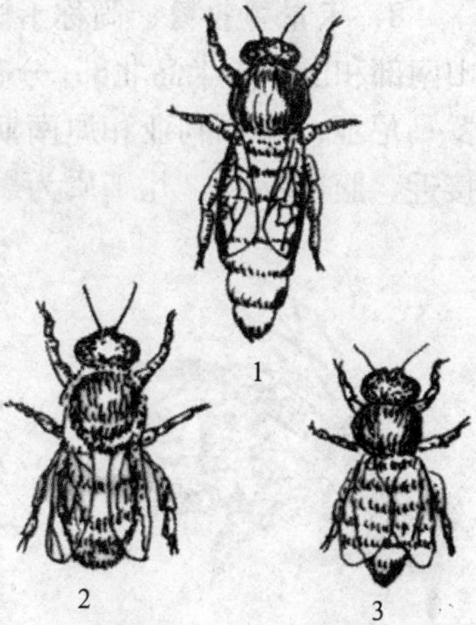

图4–1　意大利蜂

1. 蜂王　2. 雄蜂　3. 工蜂

意蜂性情温和，产卵量大，分蜂性弱，采集力强，善于利用大宗蜜源，泌浆性能好，造脾速度快，易养成强群，便于管理。

意蜂的缺点是产卵无节制，在外界缺乏蜜粉源的情况下，蜂王还大量产卵，造成不必要的浪费。不能很好地利用零星蜜源，饲料消耗多，抗逆性差，不耐寒，易患幼虫病，盗性强，定向力差，易迷巢。

2．**欧洲黑蜂** 欧洲黑蜂起源于阿尔卑斯山以北的欧洲广大地区。欧洲黑蜂个体较大，腹部宽，几丁质多为黑色，少数个体在第二至第三腹节背板上有棕黄色斑(图 4–2)。欧洲黑蜂的优点是分蜂性弱，采集力强，善于利用零星蜜源。节约饲料，耐寒，定向力强。不起盗，夏季以后可养成强群。其缺点是性情凶暴，爱蜇人、难管理；产卵力不如意蜂，春季群势发展较慢；喙较短，无法采集花冠较深的蜜源植物。

图 4–2 欧洲黑蜂

3．**卡尼鄂拉蜂** 简称卡蜂，原产于奥地利境内的阿尔卑斯山南部和巴尔干半岛北部，分布于多瑙河流域和奥地利、匈牙利、罗马尼亚、保加利亚和原南斯拉夫地区等。其工蜂大小与意蜂接近，腹部细长，几丁质为黑色，腹部第二至第三节背板常有棕色斑，绒毛为灰色(图 4–3)。卡蜂的优点是采集能力强，善于利用零星蜜粉源，节约饲料。卡蜂对外界气温和蜜粉源条件非常敏感。当外界刚开始吐粉，它马上开始繁殖。当蜜粉源植物流蜜一结束，卡蜂立刻停止产卵。卡蜂春季群势发展快，秋季群势下降也快。比较温驯，越冬性好，抗病力强。卡蜂的缺点是

图 4–3 卡尼鄂拉蜂

分蜂性强，难维持大群；不耐热，不宜长途转地饲养；产浆性能差，蜂王损失率比意蜂高。

4．**高加索蜂** 高加索蜂的原产地主要在高加索中部的高山谷地，分布于格鲁吉亚、阿塞拜疆和亚美尼亚等山区。高加索蜂工蜂大小与卡蜂接近，腹部几丁质为黑色，绒毛为浅灰色（图 4–4）。其优点是性情温和，不怕光，产卵力强，分蜂性弱，易维持大群；采集力强，节约饲料，比较耐寒，越冬性能好。它的缺点是对外界条件变化反应迟钝，秋季断子晚，易秋衰，定向性差，易迷巢，盗性强，防卫能力差；喜欢采集树胶，造赘脾；易患孢子虫病。

图 4–4 高加索蜂

（二）我国饲养的蜜蜂品种及其特点

目前，我国饲养的蜜蜂品种主要有意大利蜂、中华蜜蜂、卡尼鄂拉蜂以及在我国东北、西北寒冷地区饲养的东北黑蜂和欧洲黑蜂。意大利蜂、卡尼鄂拉蜂、欧洲黑蜂前面已做介绍，现主要介绍中华蜜蜂和东北黑蜂的形态及品种特性。

中华蜜蜂简称中蜂，工蜂体长 10 ~ 12 毫米，腹节背板为黑色，有明显或不明显的褐黄色环带。高纬度山区中蜂的腹部色泽偏黑，而处于低纬度平原地区的色泽偏黄。全身被灰色短绒毛。蜂王体长 14 ~ 19 毫米，体色有黑色和棕红色两种，全身被覆黑色和深黄绒毛（图 4–5）。工蜂嗅觉灵敏，发现蜜源快，善于利用零星蜜源，飞行敏捷，采集力强，不采树胶。抗蜂螨力强，分蜂性强，易飞逃。抗巢虫力弱，爱咬毁旧巢脾，易感染囊状幼虫病。蜂王产卵力弱，每日产卵量不超过 1 000 粒。根据蜜粉源条件变化调整产

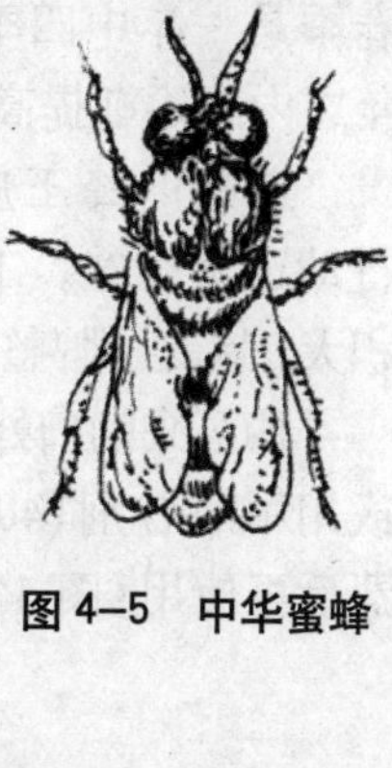

图 4–5 中华蜜蜂

卵量快，蜂群失王易出现工蜂产卵。中蜂是我国土生土长的蜂种，对气候和蜜源条件有很好的适应性。

图 4–6　东北黑蜂

在我国东北地区饲养的东北黑蜂是卡蜂和欧洲黑蜂的杂交种，并混有意大利蜂的血缘。其体型与卡蜂相似，腹节背板为黑色，绒毛呈灰色，喙长平均 6.4 毫米（图 4–6）。分蜂性较弱。耐寒，性温和，不怕光。蜂王产卵力强，春季群势发展快，善于采集流蜜量大的蜜源。

二、蜂群的选购与蜂种的选择

购买蜂群是为了用于饲养繁殖和生产，获取一定的经济效益。选购的蜂种要适应当地的气候和蜜源条件，要考虑是副业还是专业饲养，是定地还是转地饲养，以及管理技术水平的高低，根据实际情况选择不同的蜜蜂品种。

初学养蜂者以购置 5 ~ 10 群较适宜，蜂群过少，如有损失，不易繁殖补充。在技术经验不足的情况下，购蜂过多容易造成巨大损失。随着饲养技术的提高，可以逐渐扩大饲养数量。蜂种最好向本省的种蜂场或养蜂研究所购买。

初学养蜂者应在春季购进蜂群，因为春天蜂群已安全越冬。春季是一年中四季之首，从春季开始学习养蜂的四季管理，一年之内可逐渐提高饲养技术。

选购的蜂王应是 1 龄以内，体大、胸宽，腹部丰满圆长，行动迅速稳健。工蜂应体壮、健康无病（图 4–7）。巢内子脾面积大，封盖子脾整齐、成片、无病，巢脾平整，雄蜂房少、不发黑。

购买来的旧蜂箱和用具，一定要用 2% 热氢氧化钠溶液冲洗，或用甲醛合剂（40% 甲醛溶液 2 份，高锰酸钾 2 份，水 1 份）熏蒸后再使用（图 4–8）。

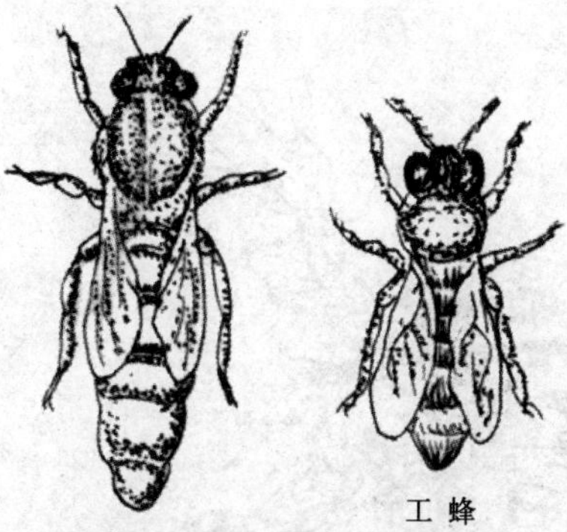

图 4–7　健康的蜂王和工蜂

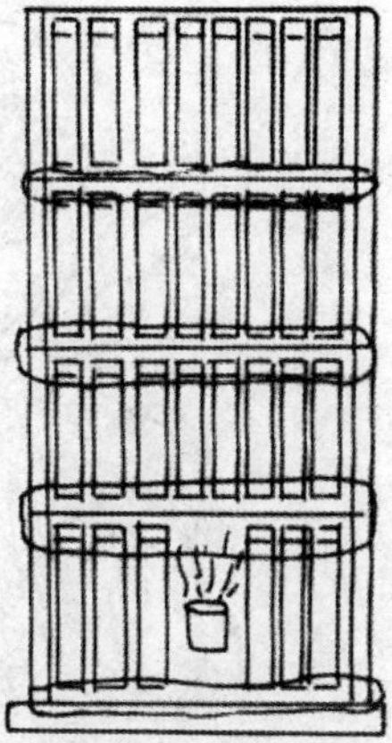

图 4–8　熏蒸蜂箱

在蜂种选择方面，由于意蜂个体大、采集力强，有采集蜜源植物的专一性，可生产单花种商品蜂蜜，产量大，经济价值高，因此适宜在我国南方平原地区大面积购进饲养（图 4–9）。

图 4–9　南方平原地区选择意蜂品种建场

而在我国山区，应主要选择饲养中蜂。中蜂是我国土生土长的蜂种，其品种特性是见什么花采什么蜜，可以充分利用零星蜜源（图 4–10）。缺点是产量低。因此，为了提高中蜂产量，目前生产中多采用活框式新法饲养。

图 4–10　山区选择中蜂品种建场

东北黑蜂体型与卡蜂相似，其特点是分蜂性弱、耐寒、性温和、不怕光，蜂王产卵力强，春季群势发展快，善于采集流蜜量大的蜜源，故适合在我国东北、西北等高寒地区饲养。

三、笼蜂的选购

笼蜂是不带巢脾和蜂箱，装在纱笼中出售的蜂群。欧美养蜂发达国家的蜜蜂繁殖场大多设在南方有春季蜜源的地方，主要在 3 ~ 5 月份购进笼蜂，饲养一个养蜂季节(6 个月左右)，到秋季采完蜜即将蜜蜂淘汰。这样,既可节约蜂群越冬的饲料蜜，提高蜂群单产，又可节省后半年人工管理蜂群的费用。

（一）蜂笼的选择

1. **长方形蜂笼**　通常是用木板钉成长方形四框，两面钉上铅丝纱制成。笼外围长约 350 毫米、高 240 毫米、宽 180 ~ 200 毫米。在上方板的中央开 1 个直径为 100 毫米的圆洞，洞内装放一个直径约 95 毫米、用 8 ~ 10 目铁纱制成的筒状网兜，其内放置饲料。在洞口的一侧锯一道缝，以便吊挂王笼(图 4–11)。

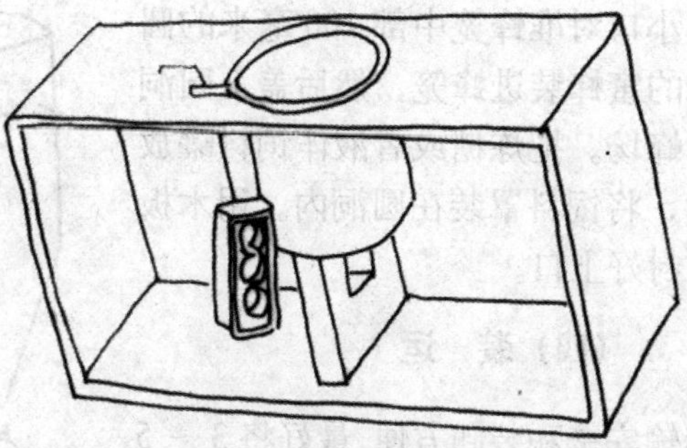

图 4-11　长方形蜂笼

2. **圆筒蜂笼**　是用纤维板制成的。长 350 ~ 400 毫米，大头口径 200 毫米，小头口径 180 毫米。筒内放置一个"Z"形铅丝纱网。在中部捆扎饲料罐和蜂王笼，让蜜蜂攀附在铅丝纱上，蜂筒两头安装铅丝纱网和数根 25 毫米宽的通风片组成的塑料筒塞，以防蜜蜂飞出(图 4-12)。

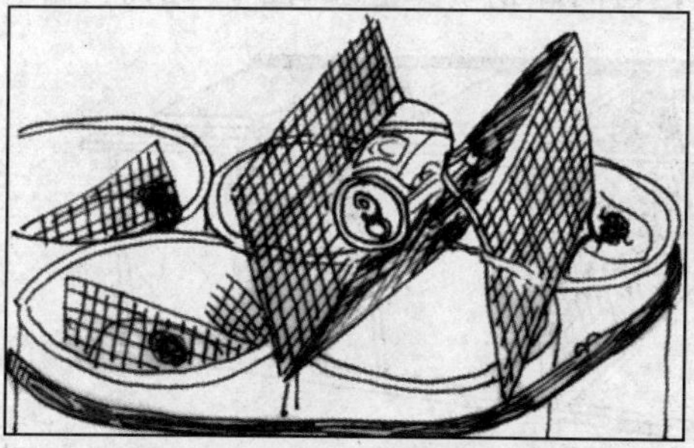

图 4-12　圆筒蜂笼

（二）签订购销合同

通常在 3 ~ 5 月份购进笼蜂，购买前，需要预先同养蜂场签订购销合同，明确笼蜂规格、数量、品种、蜂王数量，以及交蜂日期、价格、定金、运输方法及其他事项，以便双方做好各项准备。购买笼蜂需多买 5% ~ 10% 的蜂王，以防意外损失。

（三）装　笼

笼蜂装笼要用抖蜂漏斗。抖蜂漏斗用镀锌铁片制成，长 90 厘米，上口直径 30 厘米，下口直径 10 厘米(图 4-13)。抖蜂时把抖蜂漏斗小口对准蜂笼中部100毫米的圆洞，把选购的蜜蜂装进蜂笼，然后盖上圆洞纱盖，搬离蜂场。把炼糖或者液体饲料罐放入饲料罩内，将饲料罩装在圆洞内。用木板钉住顶板，封好上口。

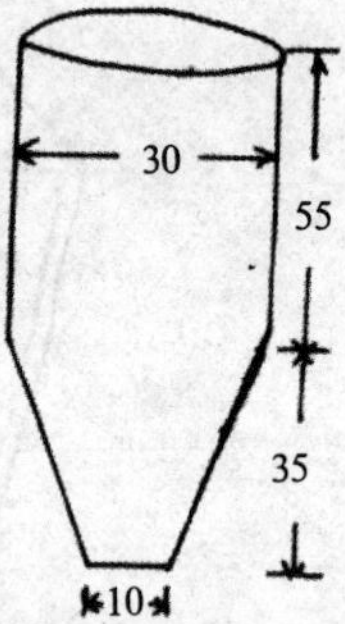

图 4–13　抖蜂漏斗
（单位：厘米）

（四）装　运

为了运输安全和装卸方便，最好将3～5笼组成1组，用方木条钉在一起，笼间距离保持在100～150厘米。在运输途中，如遇低温或下雨，要用篷布遮盖。天气炎热，要给蜂笼遮荫，避免阳光直射。当蜜蜂骚闹时，可向蜂笼喷少量水（图4–14）。

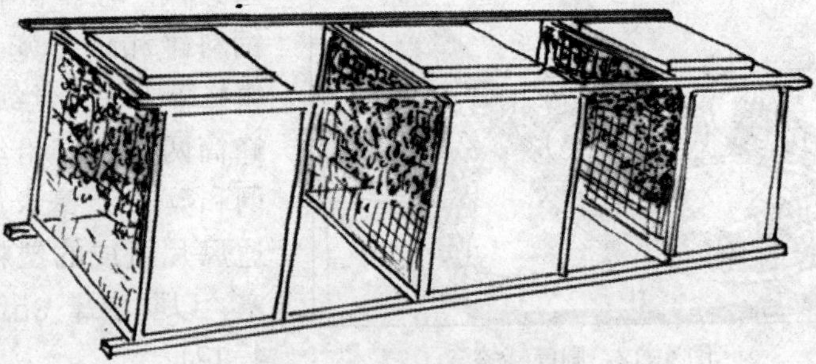

图 4–14　笼蜂分组装运

（五）过　箱

笼蜂运到目的地后，如是晴好天气，要把笼蜂放到阴凉通风的地方，并向蜂笼喷洒一些糖浆或蜜汁。检查一下笼蜂的情况，待傍晚再将蜂群过入蜂箱。过箱时要注意，尽量避免蜜蜂飞翔，以免发生盗蜂。

取下蜂笼上的盖板，取出饲料罩，抖落上面的附蜂，取出蜂王笼。打开出入口，然后把蜂笼夹在两个巢脾之间。轻轻开启蜂笼一面的铁纱，将蜂笼放入蜂箱内空的一侧。使开启铁纱的一面朝向巢脾，盖上盖布、副盖和大盖，上面再盖草帘，蜜蜂会自动爬上巢脾(图 4–15)。遇到大风寒冷天气，也可在室内过箱。将地面打扫干净，关上门窗，安装红色灯光照明，在室内将笼蜂过入蜂箱。及时将抖落在地上的蜜蜂拾回蜂箱。待天气好转后，在傍晚将蜂群搬至蜂场。

图 4–15　过　箱

第五章　蜂场建设和养蜂机具设备

一、蜂场建设

（一）蜂场选址

养蜂场址的环境条件与养蜂的成败和蜂产品的产量密切相关，选址时应经过周密的调查，选择蜜源丰富、环境适宜的地方建立蜂场。养蜂场地周围 2.5 千米半径范围内，全年至少有 1 ~ 2 种大面积的主要蜜源植物。同时，还要有多种花期交错的辅助蜜源、粉源植物。依赖辅助蜜源植物可以培养壮大蜂群，造脾或生产蜂王浆；利用流蜜量大的主要蜜源可大量生产蜂蜜。

养蜂场地要坐北朝南，背风向阳，地势高燥、无积水，小气候适宜。蜂场周围的小气候直接影响蜜蜂的飞行、出勤、收工时间以及植物的泌蜜。山区蜂场应选择建在山脚或山腰南向的坡地上，背后有挡风屏障，前面地势开阔、阳光充足。

蜂场周围环境要求安静，远离城区闹市、工厂、矿山、铁路和公路要道。避开车多、空气灰尘污染严重的地方，避开厂矿，远离农药厂和农药库房，避免蜜蜂农药中毒（图 5–1）。

图 5–1　蜂场周围环境

蜂场水、电要方便，以满足日常生活和工作用水、用电。蜂场附近要有清洁的水源供蜜蜂采集，在蜜蜂饮水中要添加适量食盐（不超过0.1%）。蜂场前面不能紧靠水库、湖泊、大江、大河，避免蜜蜂回巢时被大风刮入水中。另外，蜂王交尾时也容易落水溺死。

图5–2　蜂场周围绿化

蜂场周围要搞好绿化，多栽树、多种花，夏季蜂场利用树阴乘凉，避免阳光直射。秋、冬季树林可挡风遮雨，避免雨雪寒潮袭击蜂巢（图5–2）。

蜂场是蜜蜂生活的主要场所，要经常打扫卫生，保持清洁干净。要定期在蜂场地面撒生石灰消毒。每季度要用0.5%次氯酸钠溶液、0.5%过氧乙酸溶液或5%漂白粉混悬液对蜂场地面喷洒消毒。场内建筑物、树木可用10%～20%石灰乳粉刷消毒（图5–3）。

图5–3　蜂场消毒

（二）蜂箱排列

蜂箱的排列要根据场址、养蜂季节和饲养方式而定。一般有散放排列法、一条龙排列法、圆形排列法和方形排列法几种。首先要清除杂草，平整土地，打扫干净，然后再陈列蜂箱。蜂箱排列的基本要求是便于蜂群管理操作和便于蜜蜂识别本群蜂箱位置。蜂群数量较少的，可以采取单箱单列或双箱并列排列，场地宽敞时蜂箱可以散放。各排之间相距1～2米，蜂箱之间相距1米(图5–4)。

图 5–4　蜂箱排列方式

1. 单箱排列　2. 双箱排列

如果蜂场场地较小，或受场地条件限制，可采用一条龙排列法，即将蜂箱排成1行或2行，各箱之间可连在一起。这种方法只适于平箱群在繁殖期或停产期使用。蜂群数量较多的蜂场，可采取分行排列，各行蜂箱互相交错摆放，箱距1米，行距2～3米。蜂箱的巢门要朝南、东南或西南方向(图5–5)。

图 5–5　蜂箱一条龙排列

如果是转地放蜂途中在车站、码头、路边临时放置蜂群，可以采用方形或圆形排列法，此法可减少蜜蜂飞失。可以一箱挨一箱地排成圆形或方形。蜂箱应左右放平，后面垫高2～3厘米，这样既可防止下雨时雨水流入蜂箱，又便于蜜蜂清扫箱底(图5–6)。

秋、冬季节时如场地有限，也可以四箱背靠背排列，即两箱朝东，两箱朝西，这样管理起来很方便，到了冬季可以共同包装越冬(图5–7)。

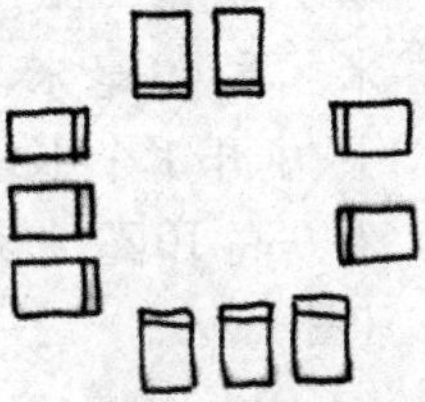

图 5–6　蜂箱方形或圆形排列

图 5–7　蜂箱背靠背排列

二、养蜂机具设备

（一）蜂　箱

蜂箱是蜂群生活的住所，它由箱盖、副盖、箱体、箱底、巢门板、隔板、巢框等组成。蜂箱大部分是用木料制作的，也有用水泥、砖砌而成的。

蜂箱长期露天放置，经受风吹、日晒、雨淋和搬运震动。因此，应选用坚固、质松、不易变形的木材，如红松、白松、桐木、杨木、杉木等。其拼板缝要用子母缝，采用鸠尾榫连接牢固，两面箱板的拼板缝不要在同一水平线上。

一个场内的巢箱规格最好一致，以便相互交换使用。常用的蜂箱有 10 框标准蜂箱、12 框方形蜂箱和 16 框横卧蜂箱。另外，还有中蜂标准蜂箱和水泥、砖砌的蜂箱。

1. **10 框标准蜂箱**　10 框式标准蜂箱是饲养西方蜂种最常用的蜂箱，由箱的大盖、纱盖、继箱、隔王板、巢箱、箱底等部位组成（图 5–8）。具体尺寸是：箱体木板厚 22 毫米，箱底底带厚 15 毫米，巢门板

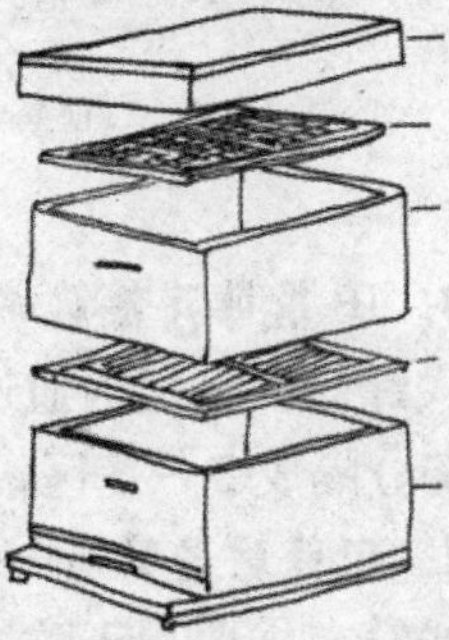

图 5–8　10 框标准蜂箱结构

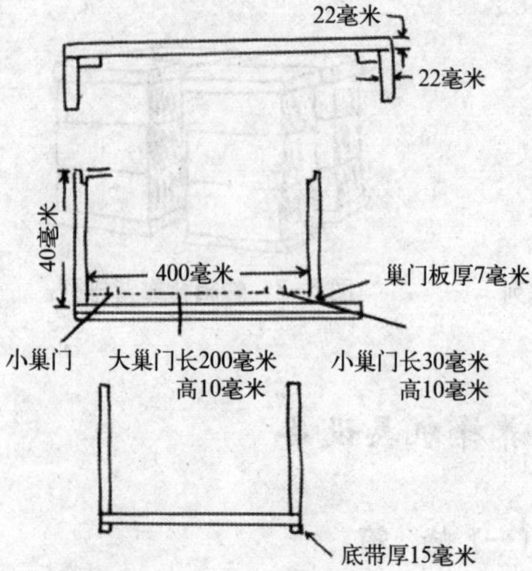

图 5-9 10 框标准蜂箱尺寸

厚 7 毫米、长 400 毫米、宽 40 毫米，在板下方开 1 个长 200 毫米、高 10 毫米大巢门（图 5-9）。

2. **12 框方形蜂箱** 12 框方形蜂箱容积大，有利于蜂群的越冬和繁殖，适合我国北方寒冷山区采用。12 框方形蜂箱的箱体呈正方形，内围尺寸为 450 毫米 ×450 毫米 ×300 毫米。为了防寒，蜂箱均采用 25 毫米厚的木板制作（图 5-10）。

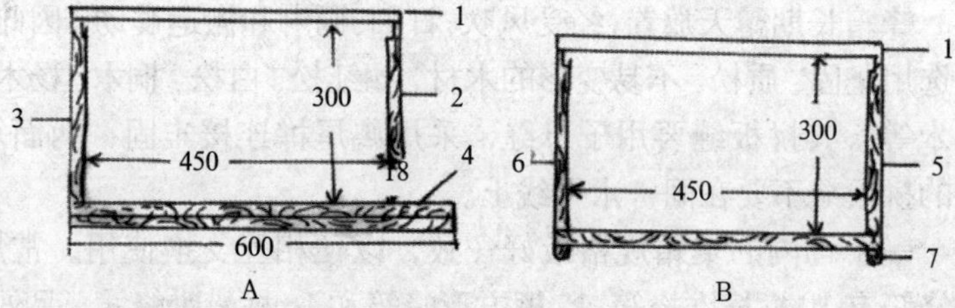

图 5-10 12 框方形蜂箱结构和尺寸（单位：毫米）

A. 纵断面 B. 横断面
1. 铁纱副盖 2. 前壁 3. 后壁 4. 箱底板 5、6. 侧壁 7. 木带

3. **16 框卧式蜂箱** 16 框卧式蜂箱是含有 16 个标准巢框的横卧式蜂箱。蜂箱内通过加脾可横向扩大蜂巢，也可以用闸板把蜂箱分隔成 2 ~ 3 区，实行多群同箱饲养（图 5-11）。

4. **中蜂标准蜂箱** 是专为科学饲养中蜂设计的蜂箱，通常使用浅箱，主要用于贮蜜。巢门板上有数个圆洞状巢门，直径约4毫米，能阻止西方蜜蜂钻入蜂箱，在发现西方蜜蜂盗劫中蜂蜂箱内的蜂蜜时，可将蜂箱下面的巢门关闭，中蜂可以从巢门板上的圆洞出入（图5-12）。

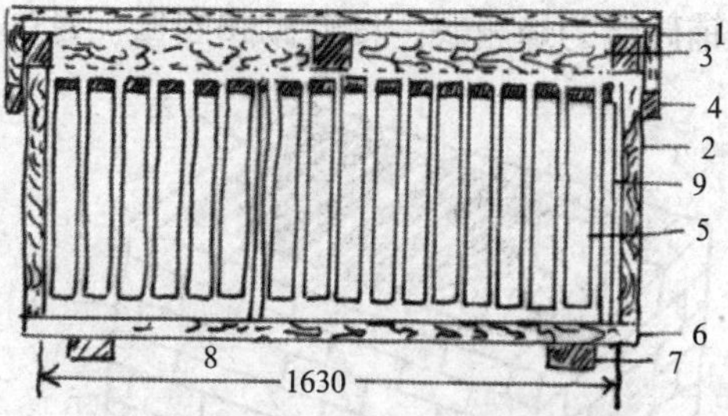

图5–11　16框卧式蜂箱结构

1. 箱盖　2. 箱身　3. 铁纱副盖　4. 木带　5. 巢框　6. 箱底板　7. 木条　8. 底纱窗　9. 闸板

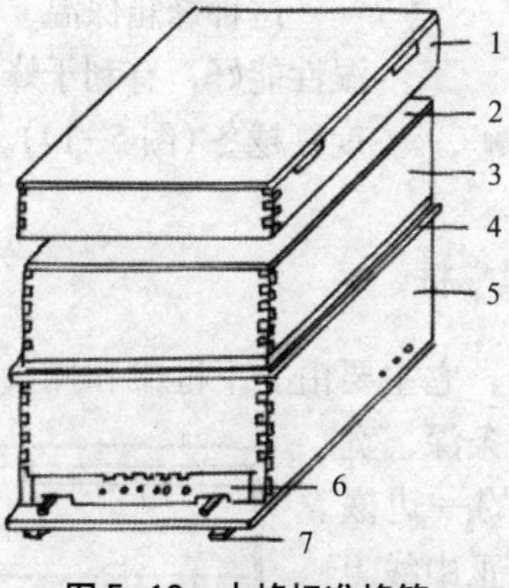

图5–12　中蜂标准蜂箱

1. 箱盖　2. 副盖　3. 浅继箱　4. 护箱条　5. 箱身　6. 巢门板、附圆洞巢门　7. 箱底垫木

5. **水泥蜂箱**　常用的有10框、12框两种。其内围尺寸与一般木制蜂箱尺寸相同，由壳子板制作。分前、后、左、右四壁，箱底和箱盖由大块板制成，板厚50毫米左右。所用水泥要在400号以上，内设粗铁丝作为钢筋，一般在左、右壁的前后，各留2～3根铁丝头，穿于孔眼中连接固定使用。前、后壁放框梁的槽处留台，前、后壁和箱底留窗，并留出巢门以备卡上木框安装木窗和巢门用（图5-13）。

6. **砖砌蜂箱**　是用砖和石灰砌成的蜂箱，大多数按16框箱或20框箱的尺寸砌成。

制作时先用砖就地打几层有空隙的砖垛，然后在砖垛上

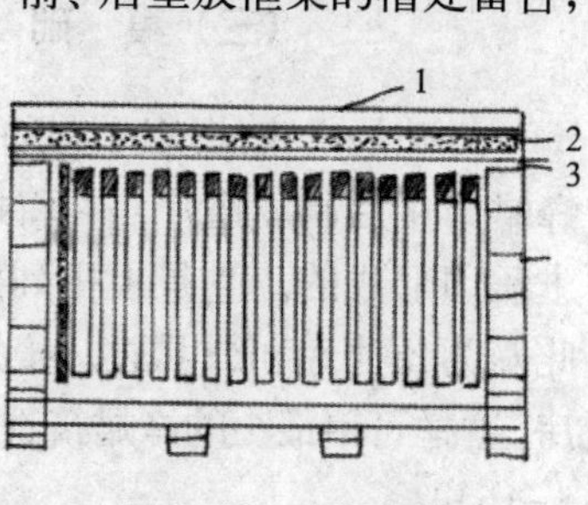

图5–13　水泥蜂箱

1. 箱盖　2. 草帘　3. 箱体

铺砖作为蜂箱底。接着砌起四壁、巢门。窗口处用木条卡成框，随后安装木巢门和铁纱，前、后壁的内沿上留出浅沿，以便放置巢脾。在中间长隔板处应留槽。箱上用草帘遮盖，草帘上再用木板制成比蜂箱略大的木框，其上钉油毛毡作为蜂箱盖。

这种蜂箱保温、保湿性能好，有利于蜂群度夏越冬（图 5–14）。

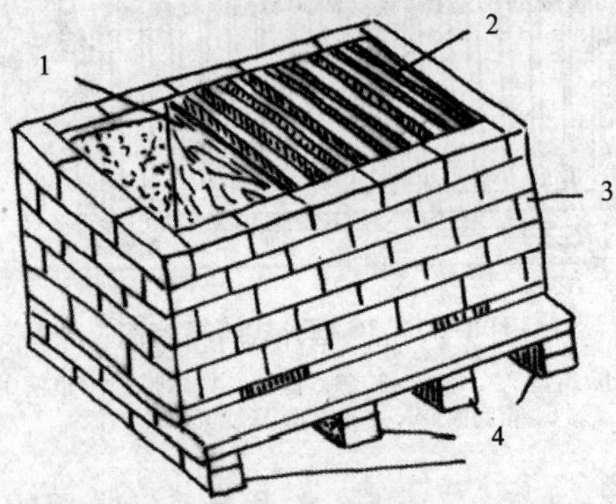

图 5–14　砖砌蜂箱

1. 木隔板　2. 放置巢框　3. 箱体　4. 箱脚

（二）巢　框

巢框是支撑巢脾的必需工具，它主要由上下框梁和侧条构成。在上框梁的下面正中央开一条深、宽各 3 毫米的沟槽，以便把巢础的一边嵌入。用锥子在左、右两根边条的正中线上钻 3 ~ 4 个等距离的小孔，穿上铅丝，固定巢础（图 5–15）。

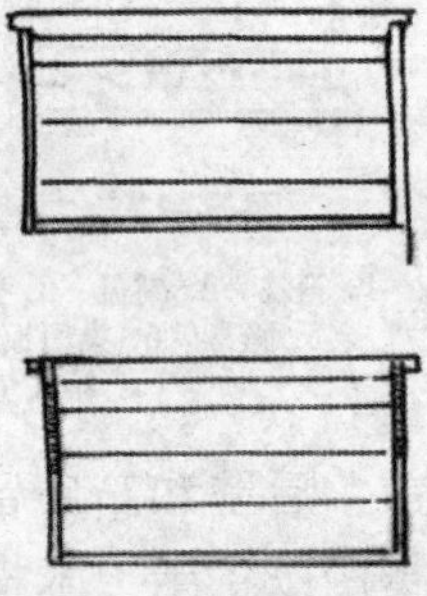

图 5–15　巢　框

（三）巢　础

巢础是供蜜蜂筑造巢脾的基础，是将蜂蜡熔化后制成蜡片，并将蜡片在压印机上压印形成的。它是由排列整齐、相互衔接的六角形组成。彼此互为公共底和公共边。蜜蜂在巢础的凸起部分用蜡鳞垒起巢房，这样可用最少的蜂蜡筑造成容量最大、坚固性最强的巢房（图 5–16）。

图 5–16 巢 础

（四）其他机具设备

除了以上介绍的饲养管理用具外，养蜂还需要面网、起刮刀、喷烟器、蜂帚、巢门饲喂器、割蜜刀、摇蜜机、滤蜜器、平面隔王板、框式隔王板、埋线板、埋线器、安全诱入器、全框式诱入器、贮蜜容器、真空吸浆器、巢门板、蜂王贮存器、蜂王邮寄器、边线量眼尺和压边器、塑料巢门脱粉器、远红外线花粉干燥箱、格栅采胶器、电子取毒器、蜂王产卵控制器、孵蜂机等机具设备。

1．**面网** 在接触和管理蜂群时，要戴上面网，可防护头、脸、颈部，以防蜂蜇。面网通常用白色棉网或尼龙网制成，覆盖面部的部分用黑色丝质网纱，防护效果较好（图 5–17）。

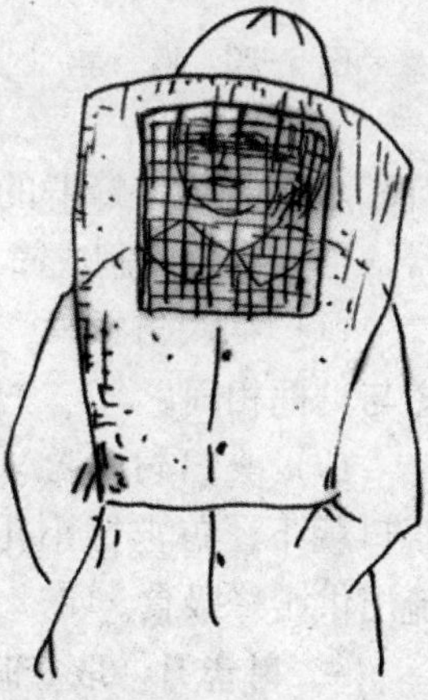

图 5–17 面 网

2．**起刮刀** 是管理蜂群的工具，在检查蜂群、提脾取蜜操作时必须使用起刮刀撬开被蜂蜡粘固的副盖、继箱、隔王板等。此外，起刮刀还可用于刮除蜂胶、蜂蜡上的污物，以及

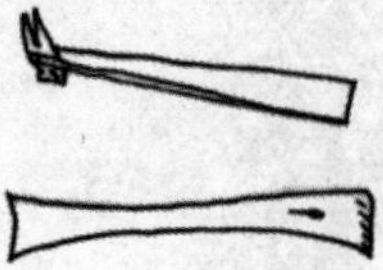

图 5–18　起 刮 刀

钉小钉子、撬铁钉、撬起木框卡等操作（图 5–18）。

3. **喷烟器**　蜜蜂遇到烟雾会进入警戒状态而安静下来。在检查蜂群、采收蜂蜜、合并蜂群时用喷烟器向蜂箱内喷些烟，可使蜜蜂安静下来，便于操作。喷烟器包括发烟筒与风箱两部分，使用时将燃料放置于燃烧室内燃烧，利用风箱向燃烧室底部输送空气，烟雾即从喷烟嘴喷向蜂箱（图 5–19）。

图 5–19　喷 烟 器

4. **蜂帚**　是用来扫除附着于巢脾、育王框、王浆框、箱体及其他蜂具上的蜜蜂的工具。刷柄用不变形的硬木制成，嵌毛部分长 210 毫米，刷毛长 65 毫米。刷毛常用柔韧适中、不易吸收水分的白色马鬃或马尾制成，不能用黑色或较硬的刷毛代替，使用后要及时将刷毛用水洗涤干净（图 5–20）。

图 5–20　蜂　帚

5. **饲喂器**　是一种盛装液体饲料和水用于饲喂蜂群的工具，主要包括框式饲喂器和巢门饲喂器，也可用竹筒制成简易饲喂器（图 5–21）。

（1）框式饲喂器　用纤维板制成的中空扁长盒，大小、长短与巢框相同。

（2）巢门饲喂器　由 1 个广口瓶和 1 个底座组成，广口瓶瓶口朝下，盖上钻小孔，置于底座上，液体饲料或水由小孔中流出供蜜蜂吸食。

6. **割蜜刀**　取蜜时用以切除蜜脾两面封盖蜡的刀具，有单刃和双刃两种。刀身背部隆起，刀刃尖锐而薄，刀尖呈椭圆状，具有刀口，刀柄处弯曲向上呈匙把状，可较容易地切割蜜脾上凹下的蜜盖（图 5–22）。

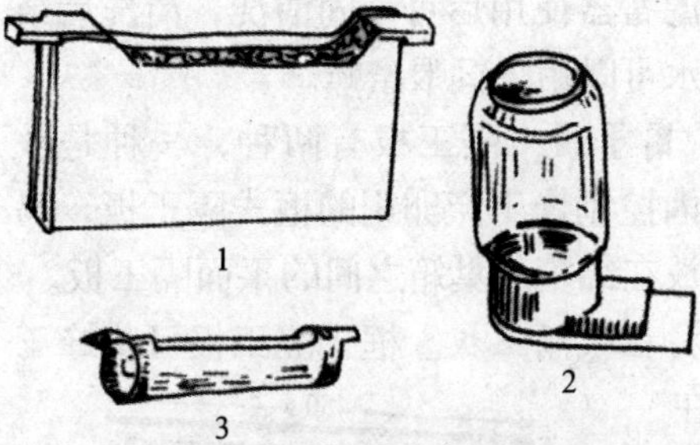

图 5–21　饲 喂 器

1. 框式饲喂器　2. 巢门饲喂器
3. 竹筒饲喂器

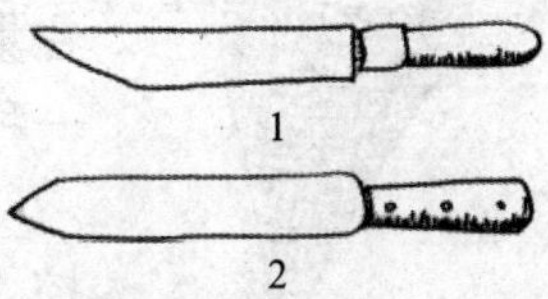

图 5–22　割 蜜 刀

1. 单刃　2. 双刃

7. 摇蜜机　分为两种，一种是两框换面摇蜜机，另一种是两框活转摇蜜机(图 5–23)。两框换面摇蜜机桶身由镀锌铁板制成，直径 350 毫米、高 585 毫米，桶底为高 60 毫米的圆锥形，桶边有出蜜口，桶身上部装有两个提手。蜜脾篮架安装于桶身中央，上梁固定在垂直传动轴上，篮中可同时插入 2 张蜜脾，呈弦式分布。蜜脾篮对着桶身的一面是大孔的铅丝网，使蜂蜜在离心力作用下离开蜜脾，通过铅丝网甩向桶身内壁，手动摇把经水平传动轴带动齿轮转动，然后带动垂直转动轴和蜜脾篮转动，蜜脾篮的转动

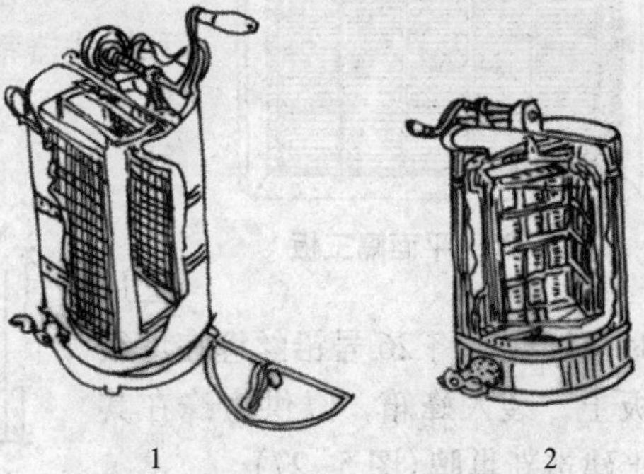

图 5–23　摇 蜜 机

1. 两框换面摇蜜机　2. 两框活转摇蜜机

使篮内蜜脾中的蜂蜜受离心力作用而甩出沿桶壁下流。

8．**滤蜜器**　用摇蜜机摇出蜂蜜后，要用滤蜜器（图 5–24）过滤，以滤出蜂尸、蜡屑、幼虫等杂质。摇蜜机和滤蜜器使用后可一同清洗，清洗后余下的蜜水可以用来饲喂蜜蜂。

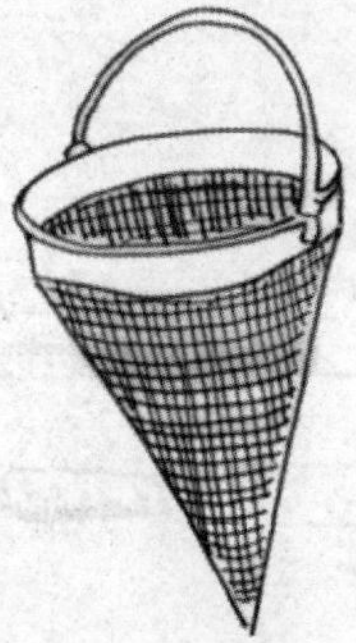

图 5–24　滤蜜器

9．**隔王板**　隔王板有两种，一种是放在巢箱内控制蜂王产卵用的框式隔王板，另一种是放在继箱与巢箱之间的平面隔王板。

（1）框式隔王板　框式隔王板可将蜂王控制在巢箱内的几个巢脾上产卵，适合在繁殖期对强群进行饲养管理或用于生产蜂王浆时控制蜂王（图 5–25）。

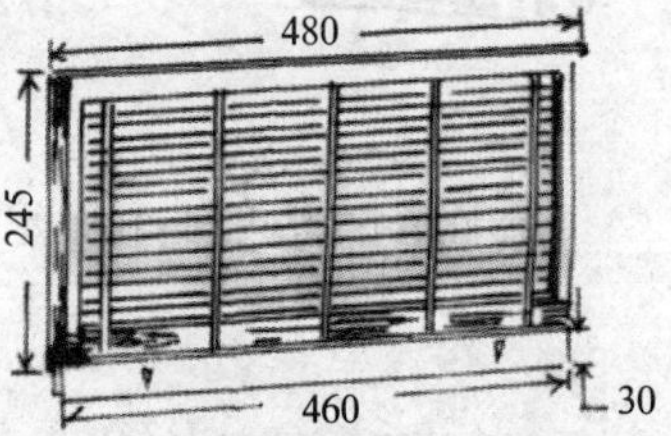

图 5–25　框式隔王板　（单位：毫米）

（2）平面隔王板　平面隔王板是用于将育虫巢和贮蜜继箱分隔开，以便于取蜜和提高蜂蜜的质量（图 5–26）。

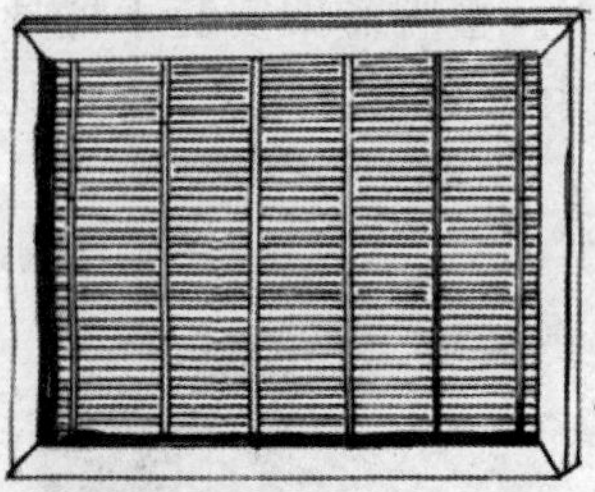

图 5–26　平面隔王板

10．**埋线板和埋线器**　埋线板和埋线器都是帮助蜜蜂建造新巢脾用的工具，使用时用埋线器将 26 号铅丝埋在埋线板上，装入蜂箱，以供蜜蜂在其上建造新巢脾（图 5–27）。

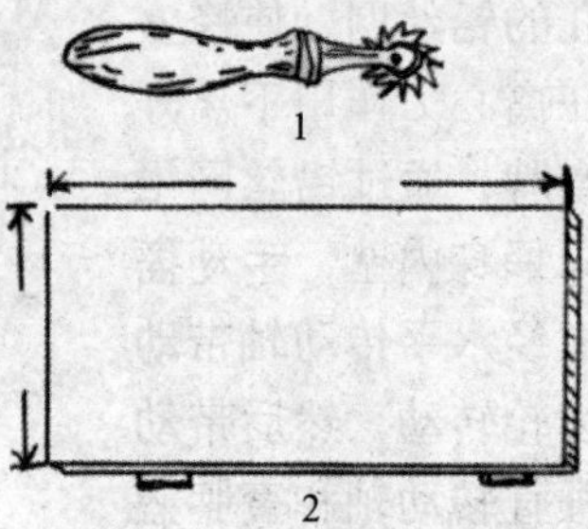

图 5–27　埋线器和埋线板

1. 埋线器　2. 埋线板

11．**蜂王诱入器**

(1) 安全诱入器　是将蜂王诱入无王群时所用的工具(图5-28)。使用时，将蜂王装入安全诱入器内，选一张幼蜂多、有少量蜜的子脾，把安全诱入器底板抽出，把蜂王扣在有数只幼蜂和一些蜜房的地方。经过1～2天如有蜜蜂围在铁纱周围啃咬铁纱，说明蜜蜂没有接受蜂王，需将蜂王继续囚禁几天。若铁纱外没有蜜蜂包围，且有蜜蜂饲喂蜂王，即表明诱入成功，可将蜂王从安全诱入器中放出。

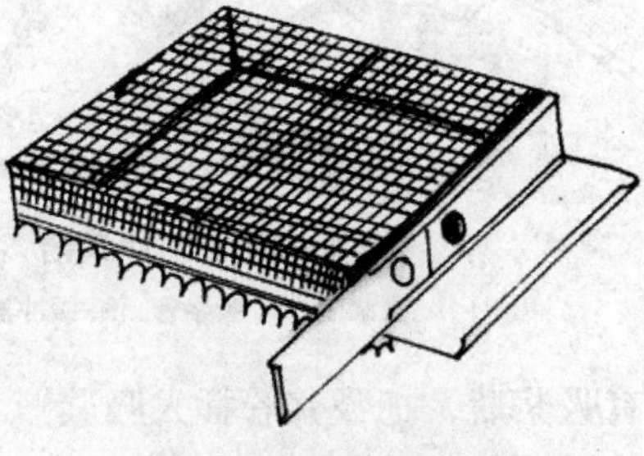

图5-28　安全诱入器

图5-29　全框式诱入器

(2) 全框式诱入器　用全框式诱入器(图5-29)诱入蜂王，既安全又不影响蜂王产卵，把有蜂王和蜜蜂的巢脾装入全框式诱入器，脾上要有一些贮蜜，盖上上面的盖板，放进无王群内。经过3～4天，撤去全框式诱入器即可。由于蜂王在蜂群里生活了一段时间，容易被蜂群接受。

12．**贮蜜容器**　通常采用塑料桶或水缸(图5-30)贮存蜂蜜。塑料桶应全封闭，桶口塑料盖应拧紧；

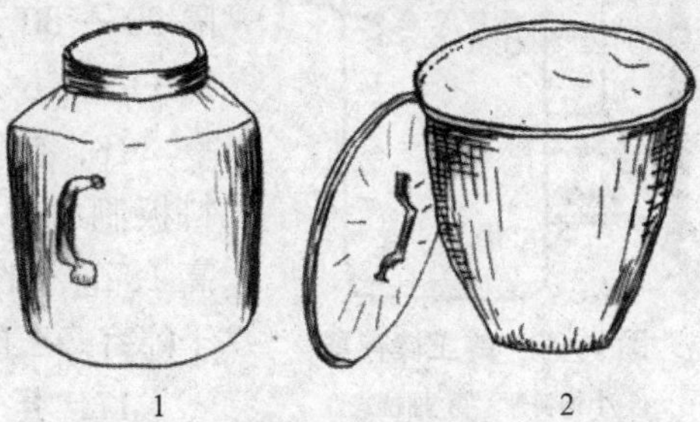

1　　2

图5-30　贮蜜容器

1．塑料桶　2．水缸

水缸缸盖要封闭严实，以保证蜂蜜质量。

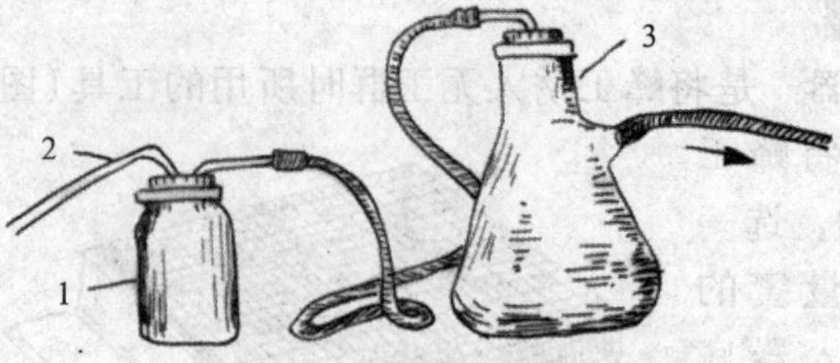

图 5-31 真空吸浆器

1. 吸浆瓶 2. 吸浆管 3. 缓冲器

13. **真空吸浆器** 采集蜂王浆要使用真空吸浆器(图 5-31)。真空吸浆器前端有吸浆瓶，把吸浆管插入吸浆瓶和盛有半瓶水的缓冲器内，再把缓冲器接到抽气机上，然后吸取蜂王浆。

14. **巢门板** 是一块长 400 毫米、宽 60 毫米、厚 10 毫米的木板，在木板的一边开几个小门，另一边开一道长形的铁窗，在转地放蜂时使小巢门向上、铁纱窗向下，既可通风，又可观察蜂群情况(图 5-32)。

图 5-32 巢 门 板

15. **蜂王储存器** 是用有机玻璃制作的，长 50 毫米、宽 55 毫米、高 80 毫米，前面安装玻璃推拉盖，后面有小孔通入空气，顶部装有饲料瓶(图 5-33)。储存器内放置一块巢脾，脾上放 50 只幼蜂和 1 只蜂王。储存器内温度保持在 25°左右，空气相对湿度保持在 70%，隔 20 ~ 30 天更换一次工蜂，可储存蜂王 3 ~ 6 个月。

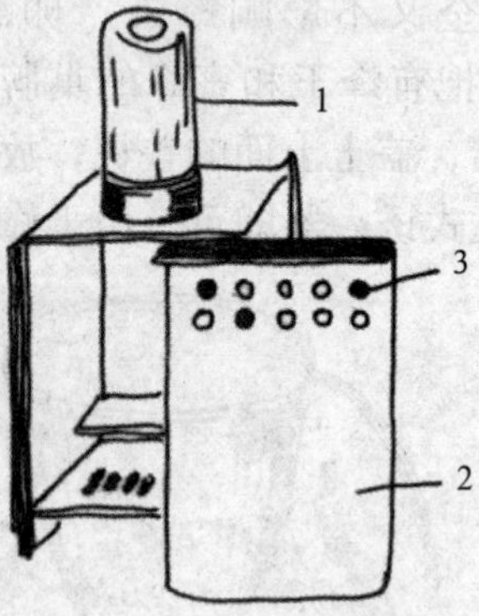

图 5-33 蜂王储存器

1. 小饲料瓶 2. 抽拉式盒门 3. 通气孔

16. **蜂王邮寄器** 是用木板或塑料板制成的长 80 毫米、宽 30 毫米、高 18 毫米的长方形笼子，是专门用于邮寄蜂王的蜂具(图 5-34)。

17. **压边器和量眼尺** 蜂箱内安装巢础要用压边器和量眼尺。标准巢框上梁宽 27 毫米，使用滚轮厚 12 毫米的压边器；中蜂巢框上梁宽 25 毫米，使用滚轮厚 11 毫米的压边器。齿轮埋线器的齿轮直径为 26 毫米，厚 2 毫米，有 16 个齿轮。量眼尺用铁皮制作，使用时先将量眼尺紧紧地扣在边条上，然后根据量眼尺所标的位置，用圆锥由里向外钻透边条（图 5–35）。

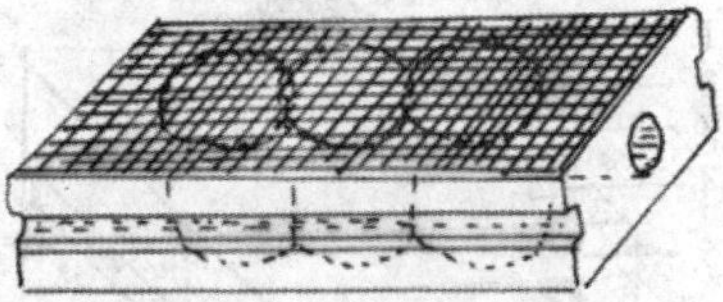

图 5–34　蜂王邮寄器

18. **塑料巢门脱粉器**　蜂场生产蜂花粉要用塑料巢门脱粉器，脱粉器由托粉板、落粉板、集粉盘组成，均使用无毒、无味的优质塑料板制成（图 5–36）。

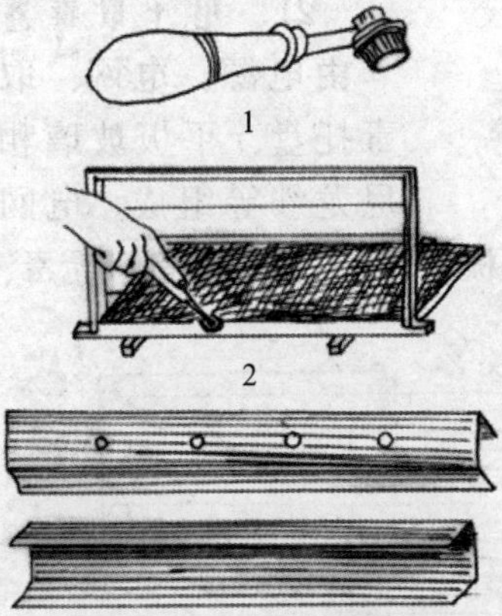

图 5–35　压边器和量眼尺

1. 压边器　2. 压边　3. 量眼尺

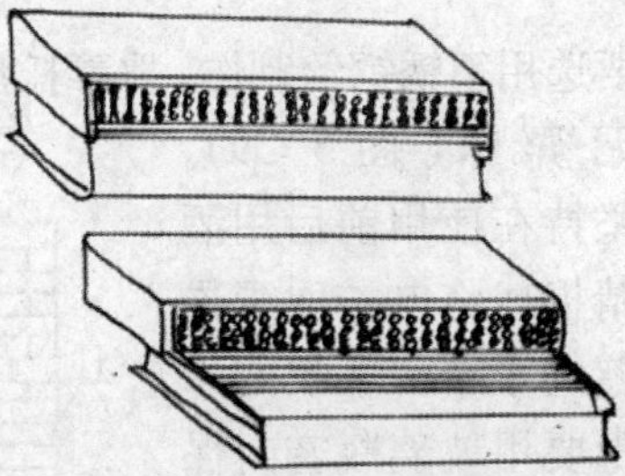

图 5–36　塑料巢门脱粉器

19. **远红外线花粉干燥箱**　采用直热式远红外线加热元件加热，具有省电、热效高等特点。使用时在 4 个花粉抽屉内分别放入 500 ~ 750 克花粉，每个抽屉的花粉要大致相等，均匀铺满整个抽屉。使用时将温度设定在 40℃ ~ 45℃，使用时要注意测定抽屉温度，使温度保持稳定。干燥 2 ~ 3 小时后，上、下层抽屉互换，以使花粉干燥得更加均匀(图 5-37)。

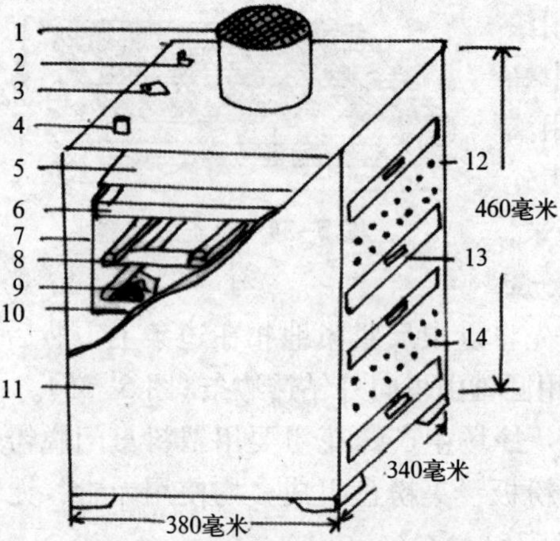

图 5-37 远红外线花粉干燥箱

1. 排风电机 2. 电源开关 3. 控温按钮 4. 指示灯 5. 上挡板 6. 花粉抽屉 7. 后挡板 8. 加热片 9. 铁纱 10. 保温层 11. 铁皮外壳 12. 温度计 13. 抽屉拉手 14. 进气孔

20. 格栅采胶器

需用竹片条或尼龙纱、聚乙烯网布等无毒、无味、无污染的材料制作，不得使用金属材料(图 5-38)。采收的蜂胶要用聚乙烯塑料袋密封保存。

21. 电子取毒器

由电源、电网、取毒托盘、平板玻璃和尼龙纱等组成。电网要选用不锈钢丝制作，取毒托盘、平板玻璃、尼龙纱等都应无毒、无异味(图 5-39)。坚持在使用前后用酒精棉球将电子取毒器擦洗干净。采收的蜂毒要用玻璃瓶密封保存。

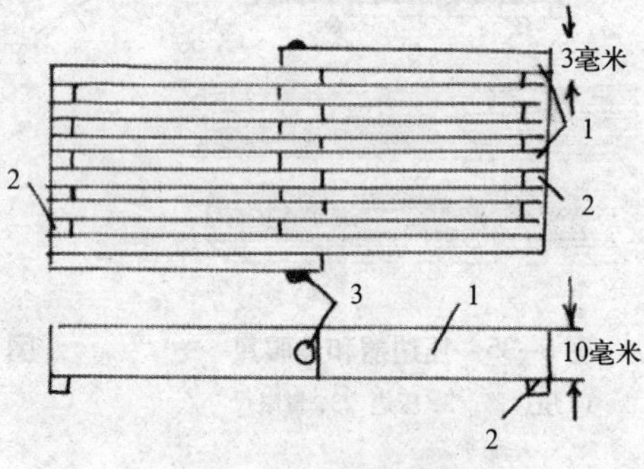

图 5-38 格栅采胶器

1. 纵向板条 2. 横向板条 3. 轴

22. 蜂王产卵控制器 用塑料制成，内围长 457 毫米、宽 54 毫米、高 244 毫米，其大小刚好能放入一张巢脾（图 5-40)。移虫育王前 12 天，在蜂王产卵控制器内放入一张没有空巢房的封盖不久的蛹脾，将蜂王放在该脾上。盖上控制器的盖板，将其放在蜂群内巢箱的中部，这样蜂王产卵

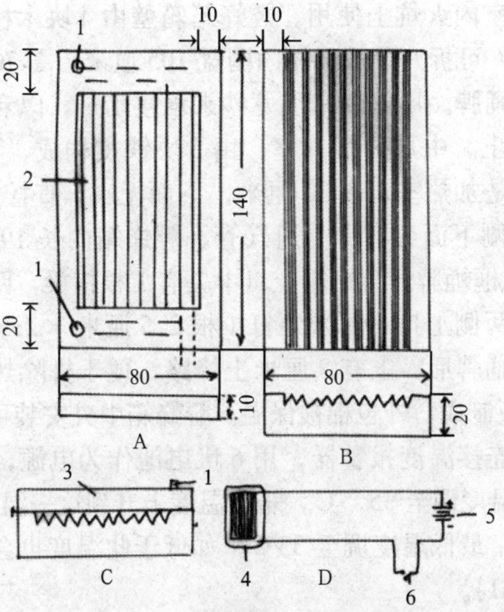

图 5–39　电子取毒器　（单位：毫米）

A. 有电网面板框 B. 带刻槽底板 C. 使用状态 D. 电路
1. 接线柱 2. 不锈钢丝 3. 电网框 4. 取毒器 5. 电池 6. 开关

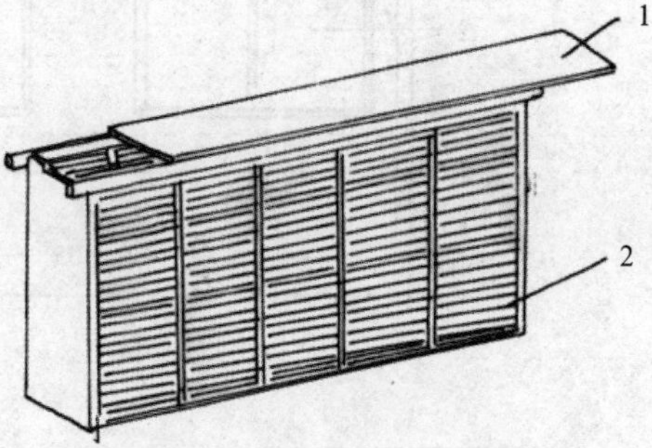

图 5–40　蜂王产卵控制器

1. 盖板 2. 隔王栅

受到限制。新蜂陆续出房后，蜂王才开始逐渐产卵。在育王前4天，提出控制器内的子脾，放在蜂群内由工蜂哺育，翌日就可得到由卵孵化成的1日龄的幼虫。在生产蜂王浆时，将蜂王控制在1个巢脾上产卵可获得适宜日龄的供移虫用的幼虫。另外，蜂王产卵控制器还可用于生产雄蜂蛹。

23. **孵蜂机**　由孵蜂箱、水银电接点温度计和报警器构成，通常放在室内火炕上使用。孵蜂箱箱壁由 4 块木板组成，用木螺钉固定，可拆开叠放。箱内围宽 105 厘米、高 70 厘米，可并排放 2 排蛹脾。用铁皮和尼龙纱来承接幼蜂，以利于出房幼蜂爬到巢脾上。中层为缓冲室，由 5 块铁皮构成，可平衡温度。铁皮下面是加热室，高 32 厘米，下面无底，直接放在炕面上。加热室两侧下面各有 1 个通气管。孵蜂箱内长 195 厘米，1 次可孵化 80 框蛹脾。孵蜂箱上口中央有 1 根横梁，两侧制作承框槽。箱内两侧上口 4 厘米处钉 1 根 2.5 厘米 ×2.5 厘米的方木条，加入蛹脾后，上有 3 厘米上蜂路，便于排除热气。箱盖由 4 块纤维板制成，外包棉被保温。孵蜂箱中央安装可调式电接点温度计，连接温度报警器，用 6 伏电池作为电源，把电接点温度计最高温度调至 35.5℃，箱内温度上升到这一温度时即报警，通知散热；最低温度调至 33℃，如低于此温度也会报警通知加温（图 5–41）。

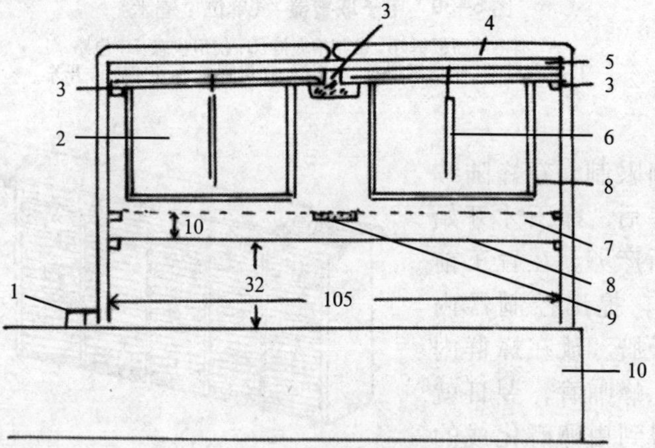

图 5–41 孵 蜂 机（单位：毫米）

1. 报警器 2. 蛹脾 3. 承框横梁 4. 棉被 5. 箱盖 6. 温度计 7. 尼龙纱 8. 铁皮 9. 横梁 10. 火炕

第六章　蜜粉源植物

分泌花蜜可供蜜蜂采集的植物是蜜源植物，产生花粉可供蜜蜂采集的植物是粉源植物。大部分被子植物（显花植物）既产花蜜，又产花粉。蜜源植物是蜜蜂饲料的源泉，是发展养蜂业的物质基础。因此，养蜂者应了解蜂场附近2～5千米范围内的主要蜜源植物与辅助蜜源植物的种类和数量，有计划地发展和保护蜜源植物。

一、主要蜜源植物

蜜源植物是那些数量多、面积大、花期长、分泌花粉多、可以生产大量商品蜜的植物。只有蜜源植物、辅助蜜源植物、粉源植物互相搭配，为养蜂提供良好的物质基础，才能培养强大的蜂群，夺取蜂产品的稳产、高产。

我国主要的蜜源植物有30余种（表6–1），辅助蜜源植物则有上千种。

表6–1　我国主要蜜源植物及其特点

名　称	别　名	特　点
油　菜	菜籽、芸菜薹	十字花科1～2年生草本植物，有4个花瓣，喜温暖湿润的气候。油菜适应性强，分布很广，花期20～30天。广东省12月上旬开花，江西省2月上旬开花，甘肃和青海地区7～8月份开花。山东省花期为30～35天，胜利油菜为40～45天，一般年份每群蜂可产蜂蜜10～25千克，有的可达50千克。油菜蜜为特浅琥珀色，极易结晶。花粉为黄色
紫云英	红花、红花草籽、燕儿草、沙蒺藜、米布袋	蜜为浅琥珀色，花粉为红色至紫红色。在浙江、江苏等地3月上旬出现花蕾，4月上旬开花，至5月中旬花期结束。在气温达25℃时泌蜜量多，强群可采蜜20～30千克

续表 6-1

名称	别名	特点
椴树	菩提树	主要生长在东北林区，有糠椴（也叫大叶椴）和紫椴（也叫籽椴树）两种。在黑龙江省7月5日开花，吉林省7月1日开花，花期20多天。在气温高、湿度大时流蜜最多，强群可采蜜30～50千克。当气候酷热、多风时，花期缩短，泌蜜量减少
枣树	红枣、大枣树	花呈黄绿色，花期30多天。在河南省5月20日开花，山东省5月25日开花，河北省5月28日开花。枣花蜜中有生物碱，如遇干旱天气蜜汁很浓，极易伤蜂，此时应给蜂多喂水，并在蜂场内洒水，使环境变得较为湿润，以改善蜜蜂伤亡情况。强群可采蜜15～30千克
刺槐	洋槐	初开花时泌蜜少，到盛花期时泌蜜较多。泌蜜受气候影响较大，产量不稳定。刺槐怕水淹，被水淹过的刺槐翌年开花时泌蜜很少。刺槐蜜呈白色透明状，不易结晶，气味芳香。强群可采蜜10～50千克
荆条	荆子、荆梢子、荆棵	一般生长在华北和东北地区的山沟、阳坡、谷地、河流两岸、路边或荒地上，是华北地区的主要蜜源植物。花期40天左右，北京地区6月中旬开花，到7月下旬结束。强群可采蜜15～50千克，蜜呈特浅琥珀色，易结晶
荞麦	—	荞麦适应性很强，分布很广，全国几乎都有生长。花呈白色或淡红色，花期20～25天。开花时间：黑龙江省8月5日，吉林省8月14日，内蒙古自治区8月15日，甘肃省8月中旬，山西省8月18日，辽宁省8月25日，山东、陕西、河北等省9月上旬，安徽，浙江、河南、江苏、湖北等省9月中旬，广东省10月初，广西地区10月中旬。荞麦蜜呈黑色，含铁量高，是缺铁性贫血患者的最佳补品。荞麦泌蜜量大，强群可采蜜30～100千克
野豌豆	苕子	在陕西、山东、华北一带有栽培。花呈紫红色，花期25～30天。开花期：浙江省5月15日，6月20日结束；江苏省5月中旬至6月中旬；四川省4月中旬至5月上旬。气温在24℃～28℃时泌蜜量多，蜜色为特浅琥珀色，花粉为黄色
白香草木樨	扫帚苗、白草木樨、宝贝草、青子	适应性很强，在高原、沙丘、山坡、平原和海边均可生长。花粉多，泌蜜量大，强群可采蜜25～50千克
乌桕	棬子、蜡树、木油树	花期25～30天，广西、湖南、江西 、四川等地6月初开花，7月初结束。浙江、湖北等地6月中旬至7月中旬开花。常年每群蜂可采蜜20～40千克，丰年可达50千克。乌桕蜜呈琥珀色，结晶粒粗
芝麻	胡麻	河南、湖北等地栽培较多。河南省在7月15日开花，湖北省在7月20日开花，花期40～50天。芝麻开花时是由下向上陆续开，先开的花泌蜜量大，后开的花泌蜜较少。强群可采蜜10～15千克。芝麻蜜呈浅琥珀色

续表 6–1

名 称	别 名	特 点
荔 枝	离枝、大荔	品种很多，按成熟期可分为早、中、晚 3 类。主要分布在广东、福建、广西等地。早熟和中熟品种蜜汁较稀薄，花粉多；晚熟品种泌蜜丰富。晚熟品种 4 月上旬至 5 月上旬开花，花期 1 个月，大量取蜜在 4 月中下旬，强群可采蜜 30 ~ 50 千克
龙 眼	桂 圆	花呈浅黄色。开花时间：广东地区 3 月 15 日至 4 月 22 日，广西地区 4 月 10 日至 5 月 10 日，福建地区 5 月 1 日至 5 月末。流蜜有大小年之分。龙眼蜜呈琥珀色，强群可采蜜 15 ~ 25 千克
棉 花	—	包括草棉、陆地棉和长绒棉（海岛棉）。长绒棉在新疆南部有栽培，泌蜜多，强群采蜜可达 100 多千克，花期为 7 月中旬至 10 月上旬。陆地棉分布在云南、广西、广东、福建、台湾、河北、湖北、山东等地。开花时间：河北省 7 月上旬至 8 月上旬，湖北省 7 月中旬至 9 月上旬。强群采蜜 10 ~ 30 千克，蜜呈水白色，极易结晶
紫苜蓿	紫花苜蓿	多年生草本植物，花呈蓝紫色，花期 30 天左右。在陕西、河北等地有栽培。强群可采蜜 15 ~ 25 千克，蜜呈浅琥珀色
胡枝子	苕条、杏条、山扫帚、枝子梢	生长在荒山和林边旷地，在高温闷热的天气泌蜜多。花呈紫红色，8 月份开花，花期 20 多天，强群可采蜜 15 ~ 25 千克，产量不稳定。蜜呈浅琥珀色，结晶细腻、洁白
鸭脚木	八叶五加、鹅掌柴、鸭母树	花呈黄白色。广东省 11 月上旬开花，12 月中下旬大流蜜。强群可采蜜 15 ~ 20 千克。蜜呈浅琥珀色，易结晶，细腻
向日葵	转日莲、朝阳花	花呈黄色，花期为 1 个月。河北省在 8 ~ 9 月份、黑龙江省在 7 ~ 8 月份。在土壤、气候等条件好时，强群采蜜可达 15 ~ 25 千克。蜜呈浅琥珀色，气味芳香
柃	野茶、钩茄子树、小茶花、黄名柴	分布在华南、华中一带。开花时间：湖北、福建地区为 10 月中旬，江西、湖南地区为 11 月上旬，广东省为 12 月中旬。强群可采蜜 5 ~ 15 千克。蜜呈浅琥珀色，味极香，结晶呈乳白色
野坝子	野巴子、野坝蒿、野拨子	主要分布在云南、贵州和四川等。开花时间在 9 ~ 10 月份，强群可采蜜 15 ~ 25 千克。蜜呈浅琥珀色，结晶呈乳白色，质地较硬，有“云南硬蜜”之称
香 薷	野合香、臭荆芥、野苏麻、小晶乔、边枝花、满山臭、洋紫蒿	花呈蓝紫色，有薄荷香气，是甘肃、山东、河北、吉林、黑龙江等地的主要蜜源。强群可采蜜 10 ~ 40 千克。蜜呈浅琥珀色，味甘甜芳香

续表 6–1

名称	别名	特点
柿树	—	花呈浅黄色，山区、平原均可栽培。开花时间：河南省5月5日至20日，山东省6月上旬，广东省3月中旬。花期10多天，气温高、湿度大时泌蜜多，开花有大小年之分。常年强群可采蜜5～20千克。柿蜜呈浅琥珀色，浓度高，味芳香
白刺花	狼牙刺、黑刺、褐刺、马蹄针	花呈白色或蓝白色，在陕西、甘肃、四川、云南、贵州、山西、河南、河北等地均有大量分布。5月初至6月初开花，花期1个月左右。白刺花泌蜜量大，常年强群可采蜜15～50千克。蜜呈浅琥珀色，结晶较细腻，质硬，呈浅黄色
桉树	—	栽培的桉树有数十种，其中以大叶桉和赤桉为最多，其次是窿缘桉、蓝桉和柠檬桉。主要分布在长江以南地区，以海南、广东、广西、福建和四川等地最多。窿缘桉6月份开花，柠檬桉每年12月至翌年2月份开花。强群可采蜜10～20千克，流蜜期达40～45天。大叶桉、赤桉花期在秋冬季，强群可采蜜20～30千克，蜜呈深琥珀色
柑橘	—	花为黄白色。分布于广东、广西、福建、湖南、江西、四川、浙江等地。开花时间：广东、福建省2月下旬至3月中旬，江西省、浙江省5月上旬至5月中旬。气温在25℃时泌蜜丰富，强群可采蜜15～25千克。蜜呈浅琥珀色，花粉呈黄色
泡桐	—	为玄参科落叶乔木，适应性强，生长迅速，开花早，花期长，粉蜜均多。分布在山西和河北等地，在山西省晋南地区的运城、永济、临猗、夏县、候马、临汾等地的粮田堤埂大量种植。4月上旬开花，花期长达1个月左右，一般每群蜜蜂可采蜜5～10千克
党参	—	党参属桔梗科，是重要的药用植物和主要的蜜源植物之一。党参品种较多，如西党，主产于甘肃、山西、四川等省；东党，主产于东北各省；潞党，主产于山西、河南等省。党参7月下旬开花，直至9月份下霜为止，花期长达40多天。党参在夏季雨量大、花期又不十分干旱、最高气温在20℃以上、空气相对湿度在70%左右时泌蜜量最大。一般每群蜂可采蜜5～15千克
芸芥	芝麻菜	是一种旱生油料作物。高20～90厘米，花先呈黄色，后变白色，一般6～7月份开花，花期1个多月。花内雄蕊基部有4个蜜腺，泌蜜量较大。芸芥在西北和华北各省、自治区都有栽培或野生。一般年份每群蜂可采蜜15～20千克。蜜呈淡黄色，质量一般。花粉量较多，有利于蜂群繁殖

续表 6–1

名称	别名	特点
苕子	–	目前普遍栽培的有光叶苕子和毛苕子两种，主要作绿肥用，也可作饲料用，主要分布于江苏、山东、安徽、四川、湖北、陕西等地。苏北苕子5月上旬盛花，6月上旬结束。四川省温江地区4月上旬至5月上旬开花。一般年份每群蜂可取蜜20～40千克，丰年强群可采蜜50千克。苕子蜜呈特浅琥珀色，气味芳香，为上等蜜
沙枣	银柳、红豆、桂香柳	树高5～10米，叶呈椭圆形，两面具白色鳞片。花为白色。分布于我国西北、华北、东北和内蒙古地区，5～6月份开花，花期15～20天。干旱年份能正常泌蜜，土壤湿润、气温较高时泌蜜量增大。一般每群蜂可采蜜10～15千克。沙枣蜜为琥珀色，浓度较高，一般在40度以上易结晶，有香味
枇杷	–	树高5～10米，叶呈簇生状，叶片呈倒卵形或长椭圆形。花为黄白色，复总状花序，顶生。分布于长江流域及以南各省，有100多个品种。10～12月份开花，花期1个月。一般年份每群蜂可采蜜5～15千克。蜜为浅琥珀色，浓度较高，气味芳香，是上等蜜
百里香	地椒、山花椒	茎匍匐或上升，上升后生出数个向上生长的分枝。花冠呈紫红色或粉红色。分布于甘肃、宁夏、陕西、山西、河北等地，6月上旬至7月下旬开花，泌蜜量较大，流蜜期40～50天，一般1群蜂可产10～15千克。蜜为浅琥珀色，浓度较高，香气浓郁，质量较好
蚊子草	–	形态和百里香相似，茎斜上升，近水平伸展，高5～15厘米，小型头状花序。花冠呈紫红色。分布于山东、河北、河南、山西、辽宁等地，6月下旬至8月上旬开花，花期40多天，泌蜜较多，每群蜂可采蜜10～20千克
毛水苏	–	植株高50～100厘米，茎和叶密生白色刚毛，轮伞假穗状花序，生于茎枝顶端，花呈紫色或紫红色。分布于东北、内蒙古、山东、山西、陕西等地。7～9月份开花，花期40～50天，每群蜂最高可产蜜100～150千克。蜜接近无色透明，浓度高，不易结晶，气味清香，是优良上等蜜
紫荆芥	山苏子、山苏秸、香荆芥	植株高0.7～1.5米，叶呈披针形，轮伞假穗状花序，花呈紫红色。分布于华北、甘肃、陕西、河南等地，8月下旬至9月下旬开花，花期1个月左右，流蜜量大，丰年每群蜂可产蜜50千克。蜜为浅琥珀色，不易结晶，透明度大，气味芳香，品质优良，可列为上等蜜
薄荷	–	植株高30～60厘米，叶呈椭圆形，轮伞状花序，花冠呈淡紫色。分布于全国各地，以苏北地区栽培较多。7～9月份开花，花期20～30天。每群蜂可产蜜10～20千克。蜜颜色浅淡，气味浓香，为上等蜜

续表 6–1

名称	别名	特点
老瓜头	—	植株高达 50 厘米，叶呈狭椭圆形，伞形聚伞花序，花呈紫黑色。分布于内蒙古、宁夏、甘肃、河北、陕西等地，6 ~ 7 月份开花，花期长达 40 ~ 50 天，流蜜量大且产量稳定，每群蜂可产蜜 30 ~ 50 千克。蜜为浅琥珀色，浓度高，不易结晶，有香味，质量较好，可作为一等蜜出口

二、主要粉源植物

花粉是蜜蜂的蛋白质饲料，也是脂肪、维生素、无机盐的主要来源，对蜂群的生活和繁殖非常重要。我国主要的粉源植物有玉米、高粱、水稻、棕榈、蒿属以及蔷薇科和松柏科的植物等，此外各种果树、瓜类也是蜜蜂获得花粉的重要来源。

三、甘露植物

蚜虫、蚧、木虱等吸取树液为营养，消化吸收后排出体外的含糖排泄物为甘露。蜜蜂采集甘露酿成的蜜称为甘露蜜。甘露蜜含有较多糊精、高糖类和无机盐，蜜蜂不易消化，不宜作为蜂群的越冬饲料。因此，养蜂者应对产生甘露的植物有所了解。常有上述昆虫寄生、产生甘露的植物主要有松科、柏科、壳斗科、杨柳科等植物，如欧洲落叶松、北美翠柏、欧洲赤松、冷杉、云杉、栎属植物、银白杨、黄花柳等。有些粉源植物有时也产生甘露，如板栗、玉米等。

第七章　蜂群常规管理技术

一、蜂群检查

检查蜂群是养蜂人管理蜂群的必要手段。为了掌握蜂群的情况，应及时对蜂群进行检查。

（一）开　箱

春、秋季组织繁殖群，流蜜期组织生产群，进行育王、分蜂，越冬定群和转地放蜂前后调整群势等都需要开箱检查蜂群。检查时，养蜂人立于蜂箱一侧，背向太阳，然后开启箱盖，放于蜂箱旁。开启副盖时，先用起刮刀轻轻撬开副盖，再用手指推移副盖（图 7–1），使箱口黏着的蜂胶脱离。翻转副盖平放于箱前，一端搭在巢门板上，使副盖上的蜜蜂爬向巢内。检查人宜穿浅色衣服，要戴上面网，防止蜂蜇。检查时要查看蜂王是否健在，产卵是否正常；子脾数量和贮存饲料的情况以及有无病敌害等，做到对蜂箱内的情况了如指掌，以便发现问题及时处理（图 7–2）。

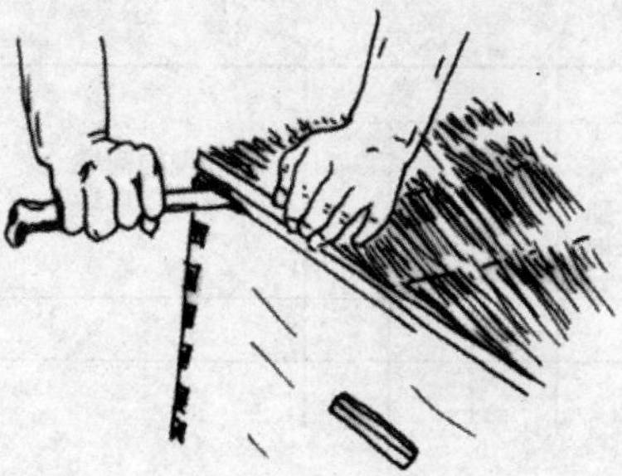

图 7–1　用起刮刀撬开副盖

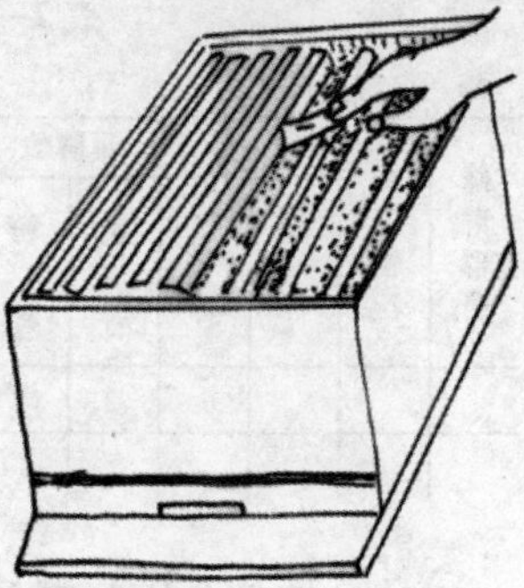

图 7–2　开箱检查

（二）提脾和翻脾

提脾是指从蜂箱内提出巢脾，以备检查。提脾前先用起刮刀一端的弯刃插入各蜂路框间，把巢脾撬松动，以便顺利提脾检查。依次提起巢脾，观察巢脾两面。提脾的方法是双手的拇指和食指紧捏框耳，将脾垂直由箱内向上提出。先看对面，然后再看另一面（图7–3）。

图 7–3　提脾、翻脾

（三）做好各项检查记录

1. **蜂群检查记录**　蜂群检查记录有两种表格，一种是全场蜂群情况记录（表 7–1），它是记录全场蜂群情况及各项管理工作情况的表格。根据它可以了解全场蜂群的生产性能和生物学特性。

表 7–1　全场蜂群情况记录

蜂场名称：　　　　　　　　　　　　　　　　年　月　日

蜂群群号	蜂王情况	巢脾数						群势			发现的问题或工作事项
		共计	子脾	蜜脾	粉脾	空脾	巢础框	蜜蜂	卵虫脾	蛹脾	

另一种是个别蜂群情况记录（表 7–2），它记录个别蜂群在

一年内的变化情况、发现的问题以及处理方法等。通过它可以了解个别蜂群的生长情况、生产性能和特性等。

表 7–2　个别蜂群情况记录

蜂场名称：　　　　　　　　　　　　　　　　蜂群群号：
上代母群号：　　　　　　　　　　　　　　　蜂王出生日期：

检查日期	蜂王情况	巢脾数					群势			发现的问题或工作事项
		共计	子脾	蜜脾	粉脾	巢础框	蜜蜂	卵虫脾	蛹脾	

2．**蜂场日记**　蜂场日记要记录检查日期、检查当天天气情况(包括一天中 7 时、13 时、21 时的天气变化情况)、蜂场相对湿度和温度以及蜜源植物情况等(表 7–3)。

表 7–3　蜂场日记

日　期	气温(℃)			相对湿度	气　象			蜜源植物	备　注
	7 时	13 时	21 时		上午	下午	夜间		

3．**示重群记录**　示重群是放在地秤上的强壮蜂群，用来测定其每天重量的变化，以便了解蜜源植物泌蜜开始、结束的日期和采蜜量(图 7–4)。如示重群重量不变，表明有蜜源，但是采回巢内的蜜粉仅够蜂群当天消耗；若重量增加，就表示采来的蜜粉除去蜂群消耗还有剩余；若重量减轻，则表示蜜粉源稀少不够用。按照植物泌蜜情况管理蜂群，蜂场迁移也就有了依据。

（四）箱外观察

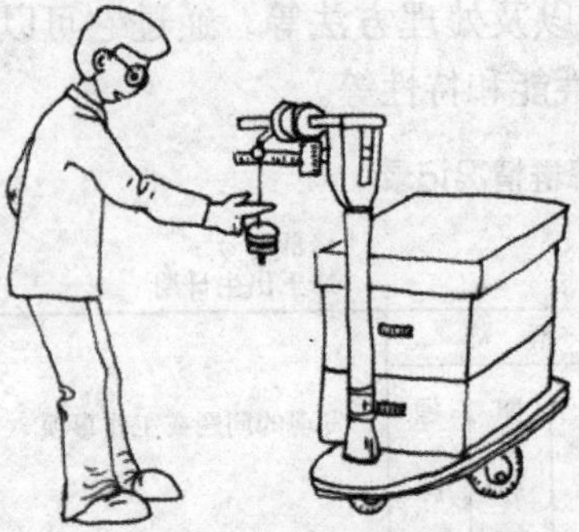

图 7–4　示重群称重

开箱检查蜂群是必要的，但次数不能太多，以免因开箱增加蜜蜂对蜂蜜的消耗，降低蜂巢温度，影响蜂群的发展。平时可根据蜂群的生物学特性和养蜂经验进行箱外观察（图 7–5）。箱外观察可观察到蜂王产卵情况、蜂群强弱、外界流蜜情况、幼蜂试飞以及缺水、缺蜜、缺粉现象等，再结合箱内检查情况加以分析，对发现的问题采取必要的措施分别解决。

图 7–5　箱外观察

二、修造巢脾

泌蜡造脾是蜜蜂的本能，巢脾是重要的养蜂生产工具。蜜蜂在增殖期，没有巢脾及时扩大蜂巢，就会限制蜂王产卵，影响群势增长。采蜜期箱内空脾不足，缺乏贮蜜的地方，将会降低采蜜量。巢脾使用过久，会使羽化出来的幼蜂变小，旧脾还容易滋生巢虫和传染各种蜂病。所以，巢脾一般使用1年左右就要化蜡。有计划地多造巢脾，更换旧脾，也是生产蜂蜡的主要措施。

（一）安装巢础

巢础质量的好坏直接影响造脾的速度和新脾的质量。要尽量选用蜡质较纯、大小合乎规格、厚薄均匀、房基深而清晰、房孔整齐的巢础，随用随装。安装巢础用的工具有手钳、埋线器、压边器、埋线衬板、圆锥、量眼尺和铅丝等。安装时要经过穿线、压边、埋线等几道工序（图7–6）。

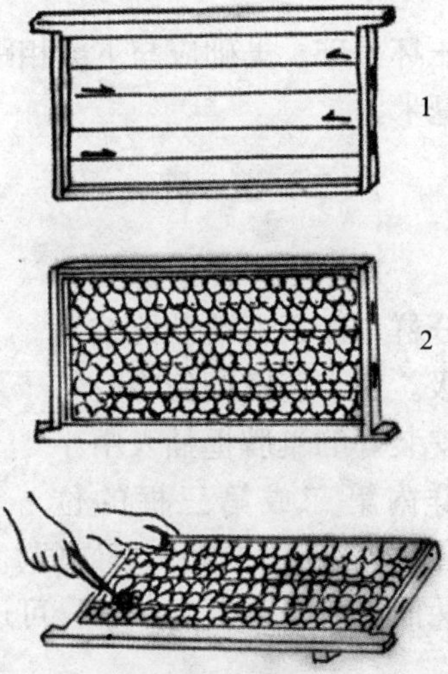

图7–6 安装巢础

1. 上铅丝 2. 上巢础 3. 埋线

在巢框两个边条上的小孔平行穿3～4道铅丝，先用手钳将铅丝的一端缠牢，再用手钳夹住另一端，依次逐道用力将铅丝拉紧后拧紧（图7–7）。

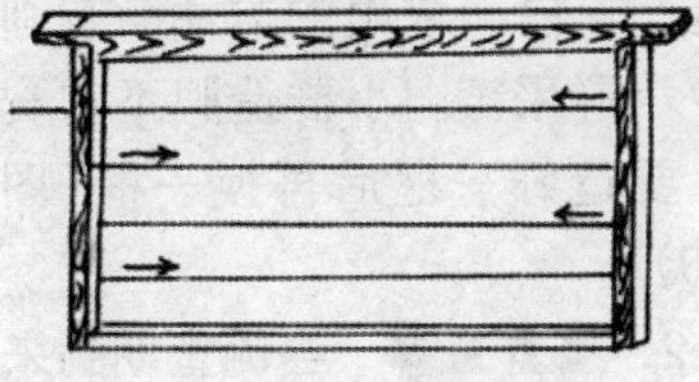

图7–7 巢框穿线

用压边器把巢础直接压在巢框上梁正中（图7–8）。先把巢础的一边插入巢框上梁下面的槽沟里，然后将蜡片在太阳下晒软，捏成豆粒大的蜡块，双手各拿1粒，隔着巢础从两面对准一点用力挤压，把巢础粘牢在框梁上。也可在阳光下将巢础晒软，直接压在巢框上梁正中。

图 7–8　用压边器将巢础压在巢框上梁正中

将巢础压在上梁正中后，再把巢础轻轻放在埋线衬板上，用衬板托住巢础，使铅丝在上面，把铅丝埋入巢础房底中央部位（图 7–9）。埋线用力要均匀，不要压坏巢础。巢础应与下梁相距 5 ～ 10 毫米，与边条相距 2 ～ 3 毫米。

（二）造　脾

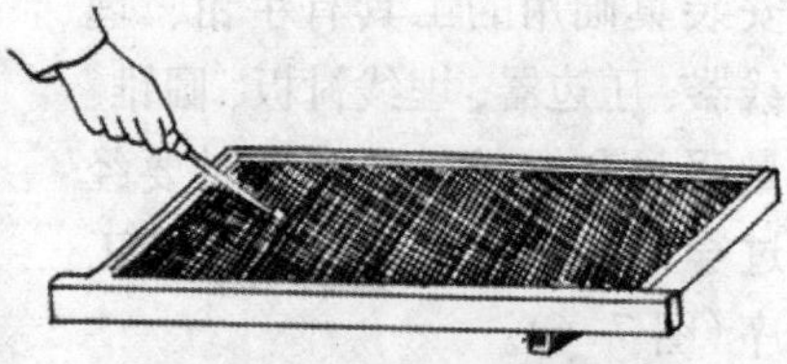

图 7–9　埋线器埋线

1. **中小群造脾**　新分群和新王群造脾比较积极。在大流蜜期傍晚时将安装好的巢脾框插入中小群内第二或第三框的位置（即蜜粉脾或幼虫脾之间）。翌日，工蜂出巢采集时取出，如两面巢房全部筑高一节，可送到强群继续修造。如未筑高，傍晚再插入该群继续修造。采用夜间造脾，白天取出的方法，有利于中小群采蜜。小群造脾不宜贪多，要造好一框后再换一框（图 7–10）。

图 7–10　中小群造脾

2. **强群造脾**　当流蜜期到来时，继箱群或 16 框箱的强群贮蜜区中部可以同时间隔插入 1 ～ 2 框巢础，一昼夜可基本造成完整巢脾。若用强群完成中小群修造的半成脾，则更为迅速优质。完成的新脾最好及时抽调供产卵用，再继续补入半成脾或巢础框(图 7–11)。

3. **利用自然分蜂群造脾** 刚收捕回来的自然分蜂群，都具有非常强烈的造脾积极性，要充分利用，及时供给巢础框，让其造脾。如收捕回 5 脾蜜蜂，其中可放 1 ~ 2 框带有蜜粉和幼虫的旧脾,其余 3 ~ 4 框全用巢础框,1 ~ 2 天即可全部造成新脾。有的边造脾边产卵。如需要还可将造好的新脾取出，再加巢础，让其再造新脾(图 7–12)。

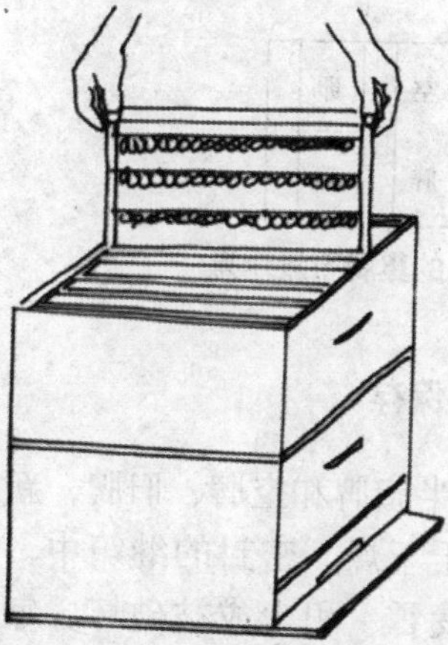

图 7–11 强群造脾

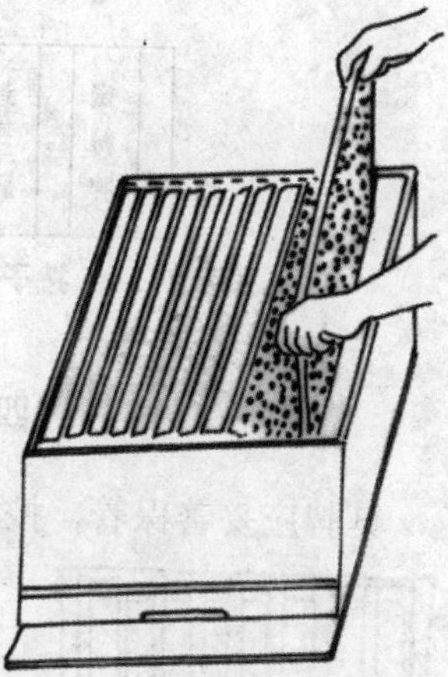

图 7–12 自然分蜂群造脾

（三）巢脾的布置

蜂群巢脾的布置多采用以卵子脾为中心和按子脾顺序排列两种方法。

1、**以卵子脾为中心的巢脾布置法** 这是养蜂者采用最多的方法。每次检查蜂群时，把卵子脾调至中间，两边是幼虫脾。幼虫脾外边是封盖子脾(图 7–13)。每次检查后都按上述方法调整。

2、**按子脾顺序排列的巢脾布置法** 它是从靠巢门一边的边脾开始，第一个巢脾是蜜粉脾，第二个是封盖子脾，然后依次为幼虫脾、卵子脾、空脾(图 7–14)。在以后的管理过程中，如需要加脾，只需交换一下最边上的幼虫脾和卵子脾的位置，在这两个脾中间插进一张空脾即可。这种排列法比较省事，并且容易掌握，适合初学者采用。

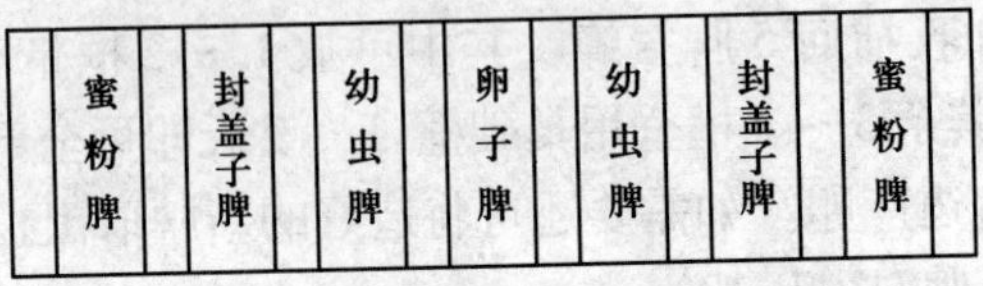

图 7–13　以卵子脾为中心的巢脾布置示意

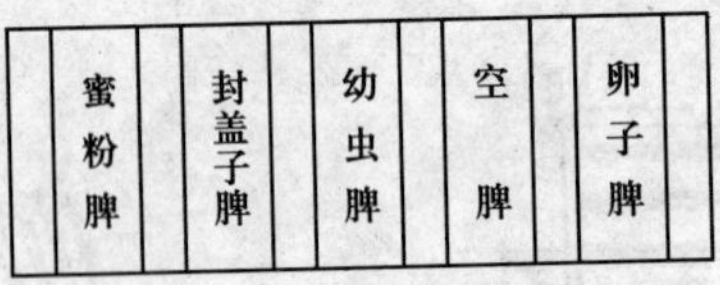

图 7–14　按子脾顺序排列的巢脾布置示意

（四）巢脾的保存

巢脾应妥善保管，按全蜜脾、半蜜脾和空脾、旧脾、新脾分类放于干燥、密封的继箱中，以免受潮发霉、积尘或被破坏。每隔 10 ~ 15 天用硫黄熏一次，防止巢虫为害（图 7–15）。对于呈深黑色的老脾，每年要有计划地淘汰化蜡。2 ~ 3 年内应将全部巢脾更换 1 次。

图 7–15　硫黄熏脾

三、蜜蜂的饲喂

蜜蜂在早春或晚秋缺少蜜粉源时需要人工饲喂，饲喂蜜蜂的饲料主要有蜂蜜、糖浆、花粉、水和盐。

（一）饲喂蜂蜜或糖浆

一般用 3 ~ 4 份蜂蜜加水 1 份，或用 2 份白糖加水 1 份，用小火化开后晾凉。灌到茶壶内，滴入巢脾内饲喂，亦可用巢门饲喂器饲喂，更加方便（图 7–16）。

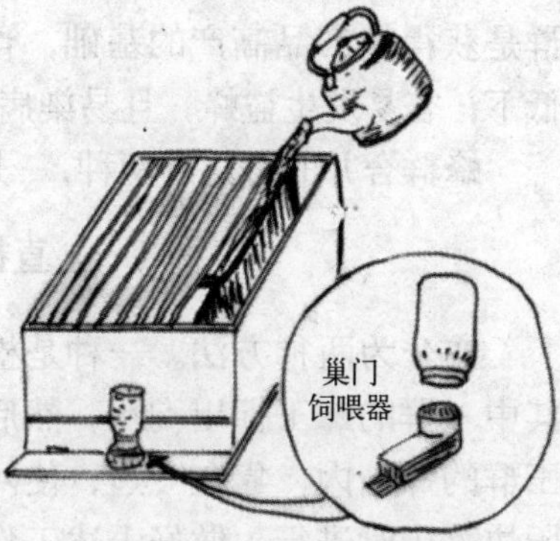

图 7–16　饲喂蜂蜜或糖浆

（二）饲喂花粉

在外界没有粉源且蜂群正处于繁殖期需要大量花粉来饲喂幼虫时，要进行人工喂粉。把花粉和蜂蜜混合在一起，揉成饼状，置于蜂群的巢脾框梁上，这样蜜蜂在巢内即可吃到花粉（图 7–17）。

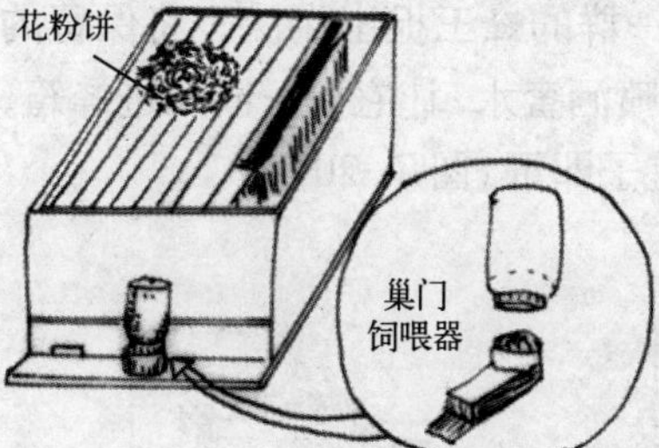

图 7–17　饲喂花粉

（三）喂水和喂盐

水是生命的根本，蜜蜂的生活离不开水。特别是夏天干旱季节，蜜蜂更需要水。要在蜂场设置干净的水源，让蜜蜂饮用（图 7–18）。在给蜜蜂喂水的同时，可在水中加 0.5% 的食盐，以补充蜜蜂对盐的需要。

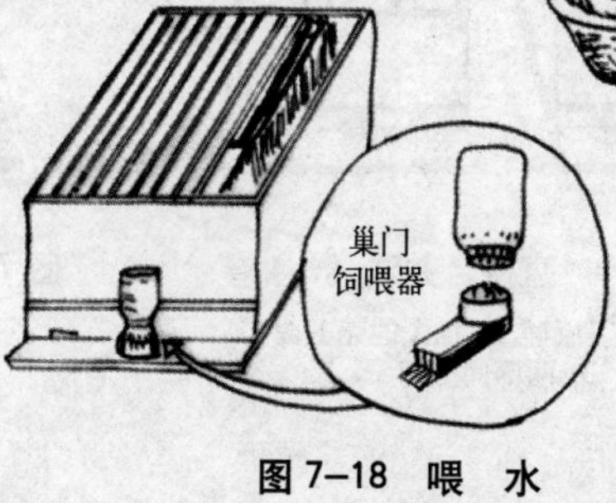

图 7–18　喂　水

四、蜂群的合并

蜂群的合并就是把两群或多群蜜蜂合并组成一个蜂群。强群是获得蜂产品高产的基础，管理起来也方便；而弱群生产力低下，容易发生盗蜂，且易染病，因此需要及时合并。

蜂群合并的方法有两种，一是直接合并法，二是间接合并法。

（一）直接合并法

亦分为两种方法。一种是检查待合并的两群，根据情况将其中一群的蜂王捉出淘汰，然后将无王群连蜂带脾一起提到有王群的蜂箱内，靠在一边，使两群之间留有空间。合并要在太阳快落山时进行。做好上述工作后盖上箱盖，翌日傍晚时开箱检查，如两群蜂没有发生咬架，且已结团，即可将两群的巢脾合并在一起(图 7–19)。

另一种直接合并法也要在傍晚进行。合并前亦要先检查待合并的两群，根据情况将其中一群的蜂王捉出淘汰，将保留的蜂王放在纱盖上，同时在蜂体上喷洒蜜水，让它们一同爬进蜂箱。无蜂的巢脾直接放入箱内盖好盖子即可(图 7–20)。

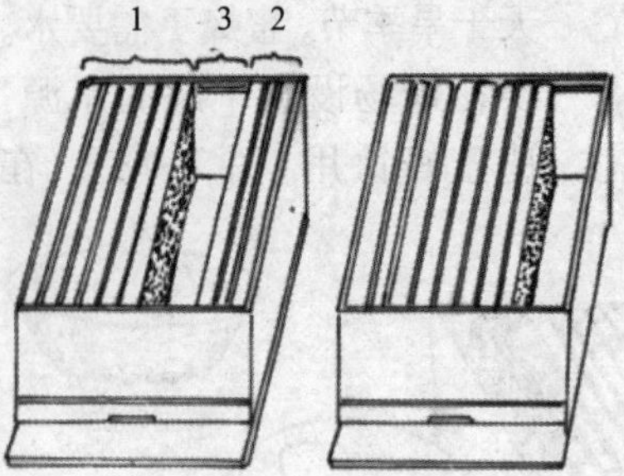

图 7–19　直接合并法（一）

1. 有蜂王原群　2. 加入的无王群
3. 两群间空间

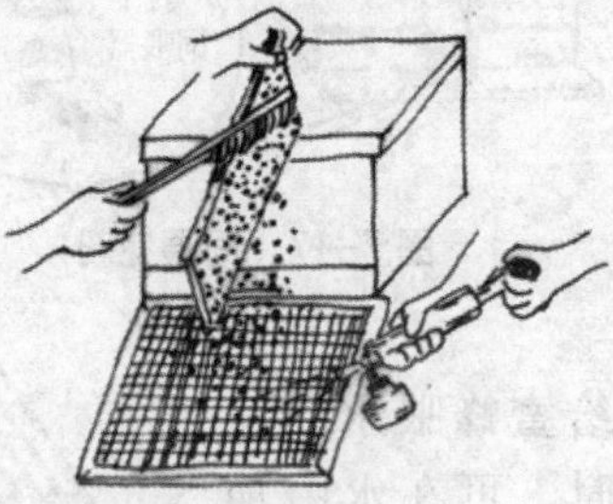

图 7–20　直接合并法（二）

（二）间接合并法

也包括两种方法。一种是用报纸把要合并的两群蜂隔开，让蜜蜂咬破报纸后自然合并(图 7–21)。

另一种是把无王群放在继箱内，在巢箱与继箱之间放一块纱盖，1 天后将纱盖拿开，2 天后将继箱也去掉，蜂群即告合并完成(图 7–22)。

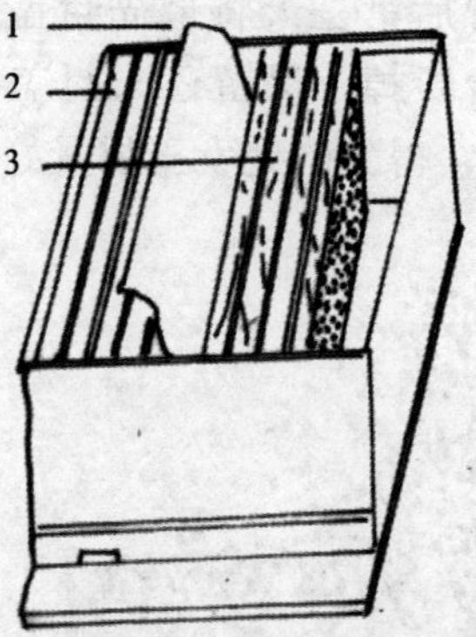

图 7–21 间接合并法(用报纸隔开)

1. 报纸 2. 有王原群 3. 合并的无王群

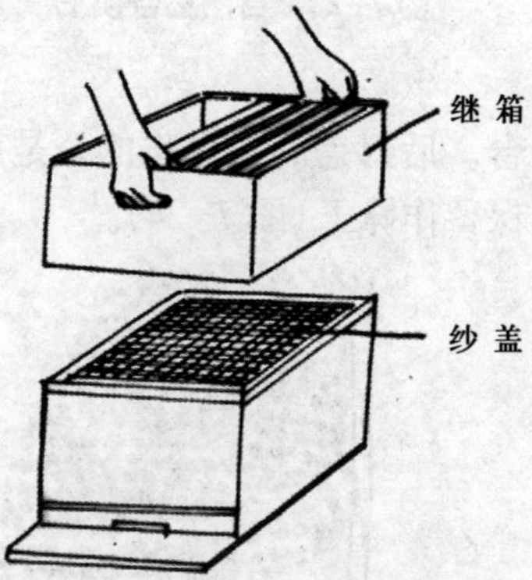

图 7–22 间接合并法(继箱合并)

五、自然换王和人工育王及蜂王的诱入

（一）自然换王

要想饲养强群，就需要有良好的蜂王。好的蜂王产卵多，后代抗病力强，采集力也强，这样的蜂王可以维持大群。如发现蜂王质量不好，要立即淘汰更换。换王的方法有多种，可利用自然王台换掉劣王，用弱群作交尾群，把有自然王台的巢脾和一张有封盖子和蜜的巢脾提出组成一个小交尾群，等待处女王出房交尾产卵后合并到需要换王的大群里即可(图 7–23)。

图 7–23　自然王台换王

（二）人工育王

1．**割脾育王**　把有小幼虫的巢脾，用刀切下一角，露出房中的幼虫，促使工蜂将它们的房孔扩大并喂给蜂王浆，把它们培育成蜂王。割脾后第三天将最先封盖的王台毁掉，保留还未封盖的王台。后封盖的幼虫吃的全是蜂王浆，得到的处女王质量好，可保留作蜂王（图 7–24）。

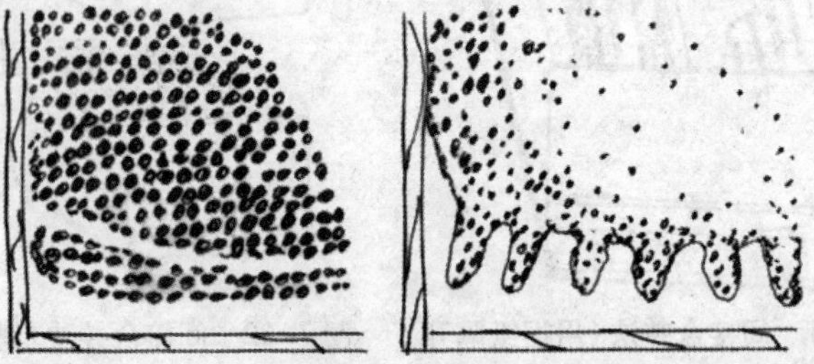

图 7–24　割脾育王

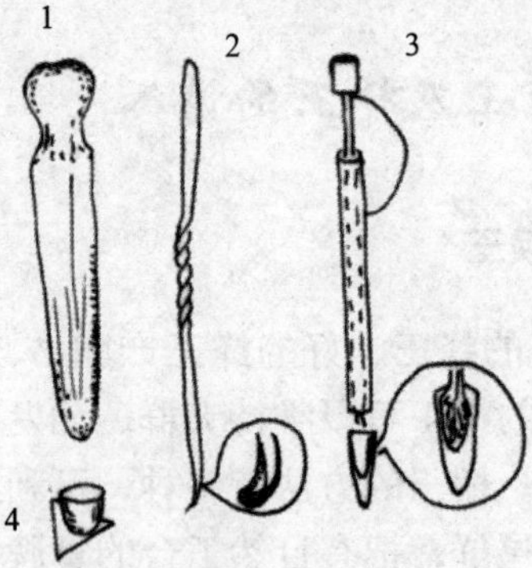

图 7–25　移虫育王专用工具

1. 蜡碗棒　2. 金属移虫针
3. 弹力移虫针　4. 蜡碗

2．**移虫育王**　为了获得大量的优质蜂王，要采用人工移虫育王法。人工移虫要使用专门的工具。蜡碗棒是木制的，用来制作育王用的蜡碗（即人造王台基）。移虫针有两种，一种是金属移虫针，很硬，易伤到幼虫。另一种是弹力移虫针，是用牛角片制成的，有一定的弹性，不易碰伤虫体（图 7–25）。

(1) 制作育王框　把蜡碗粘在育王条上，每个育王框上有3条育王条，每条粘8～12个蜡碗。在每个蜡碗中滴几滴蜂王浆。用湿毛巾盖在滴好蜂王浆的育王条上保持湿润。移上虫的育王条也要放在湿毛巾下，待3条育王条移虫完毕，一起上框放入养王群内(图7–26)。

图7–26　育 王 框

(2) 移虫方法　移虫针针头指向幼虫后背，从幼虫背后的蜂王浆中插入，针尖顺着巢房底部滑向虫体前方。用针头挑起幼虫和部分蜂王浆移到蜡碗中，把幼虫轻轻地放在蜡碗的王浆液面上。确认幼虫浮在液面上后即将移虫针顺蜡碗底轻轻后移，把移虫针抽出，移虫即告完毕(图7–27)。

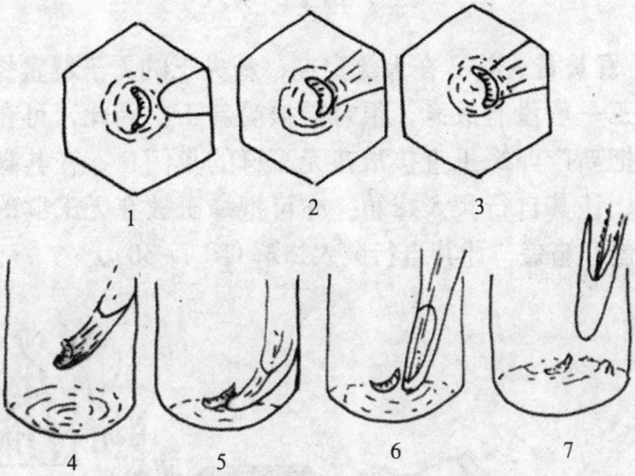

图7–27　人工移虫的步骤

1. 移虫针针头指向幼虫后背　2. 针头从幼虫背后的蜂王浆中插入
3. 针头顺巢房底部滑向虫体前方　4. 针头挑起幼虫和部分蜂王浆移至蜡碗中
5. 将幼虫轻轻放在蜡碗中的蜂王浆液面上　6. 将移虫针顺蜡碗底后移
7. 抽出移虫针

育王时，注意蜂王化蛹是头朝下的，故人造王台也要朝下放置(图 7–28)。

交尾箱由巢箱改装，中间的隔板要严密，不能让蜜蜂通过(图 7–29)。王台分散放到交尾群后，注意处女王在 1 ~ 2 天出房，出房 10 天内开始产卵。交尾群内如果出现新卵，即说明新王培育成功。

图 7–28 保持王台头朝下放置

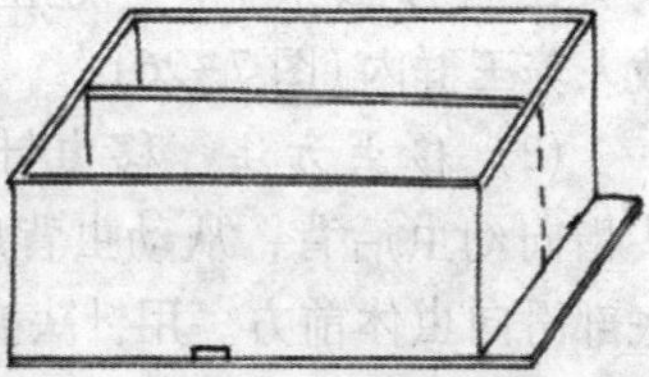

图 7–29 交 尾 箱

(三) 蜂王的诱入

1. **直接诱入法** 在大流蜜期，新失王的无王群蜜蜂对新诱入的蜂王一般没有敌意，很容易接受新王。因此，可在太阳落山时，把新产卵蜂王直接放在无王群的巢门口，在其身上涂少许蜂蜜，让其自行爬入蜂箱。亦可把蜂王放在无王群的巢脾上梁上，盖好箱盖，让其自行爬入蜂群(图 7–30)。

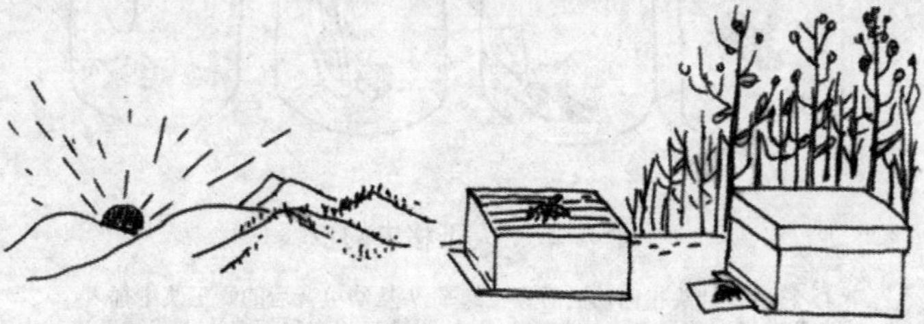

图 7–30 大流蜜期新王直接诱入法

2. **间接诱入法** 先将要淘汰的蜂王捉出来，间隔半天后用纸卷成直径 12 毫米、长 50 毫米左右的纸筒，筒上扎数个小针眼，将新产卵蜂王放入纸筒中。把纸筒两端封住，放在无王蜂群的巢脾框梁上，让蜂王自己咬破纸筒入箱（图 7–31）。

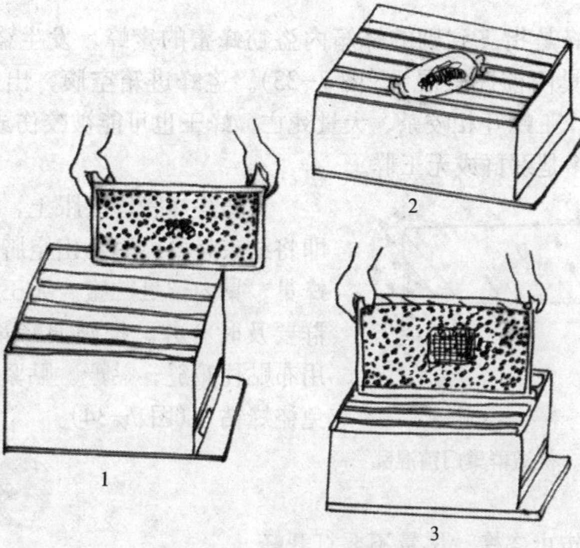

图 7–31　新王间接诱入法

1. 先将被淘汰的蜂王捉出来　2. 将新蜂王放入纸筒　3. 蜂王咬破纸筒入箱

3. 全框诱入器诱入法　用全框诱入器（图 7–32）诱入蜂王，既安全，又不影响被诱入蜂王产卵，是一举两得的好方法。

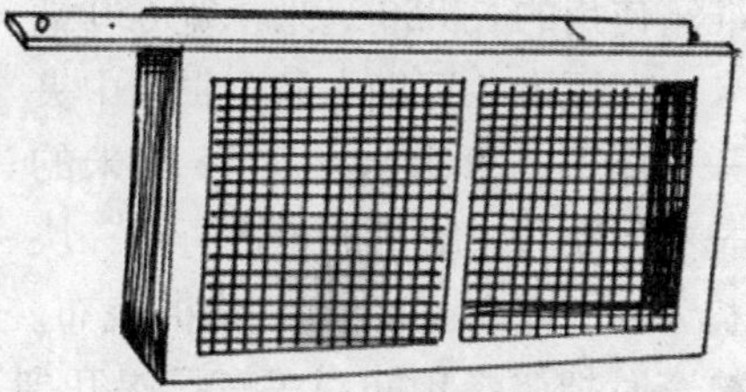

图 7–32　全框诱入器

把有蜂王和蜜蜂的巢脾装入全框诱入器，脾上要带一些贮蜜。盖上上面的盖板，放进无王群内。经 3 ~ 4 天撤去全框诱入器。由于蜂王在蜂群中已生活了一段时间，并能正常产卵，故很容易被蜂群接受。

六、防止盗蜂

盗蜂是指飞到别的蜂箱内盗窃蜂蜜的蜜蜂。发生盗蜂时，被盗群巢门前比较混乱(图 7–33)。盗蜂进箱空腹，出箱时腹部膨大。工蜂互相咬杀，大量死亡，蜂王也可能被咬伤或死亡。被盗群多是弱群或无王群。

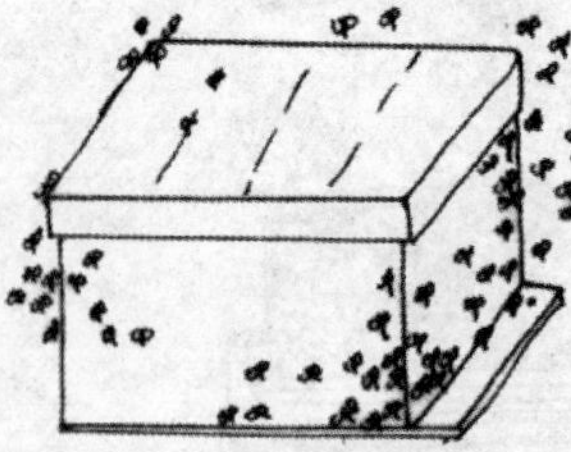

图 7–33　被盗群巢门前混乱

预防盗蜂管理要跟上，流蜜期即将结束时要抓紧抽出空脾，紧缩蜂巢，巢内留足贮蜜。无王群和弱群要及时合并。把破旧蜂箱修好，用布贴住箱缝，贴严、贴紧，以避免盗蜂钻入(图 7–34)。

图 7–34　修补蜂箱

为防止盗蜂，尽量不要打开蜂箱检查。必须检查时，可用盗蜂预防布来防止盗蜂发生。盗蜂预防布是用黑色漆布或黑塑料布制成。标准箱使用的长 850 毫米、宽 650 毫米，在短边各钉细木条 1 根，中央开一条长 525 毫米、宽 75 毫米的长方形缺口。缺口的一边再缝一块长为 535 毫米、宽 90 毫米的盖布。检查时把盗蜂预防布盖在已揭开副盖的巢箱上，从缺口提出巢脾，随即用盖布盖住。检查完一框，即放回原处，然后移动盗蜂预防布再提出另一框。没有盗蜂预防布时，可用两块棉垫或覆布代替(图 7–35)。

当发现有盗蜂活动时，要主动防盗。把巢门缩小至仅能供一只蜜蜂进出。中蜂可采用直径 4 毫米的小圆孔巢门(图 7–36)。

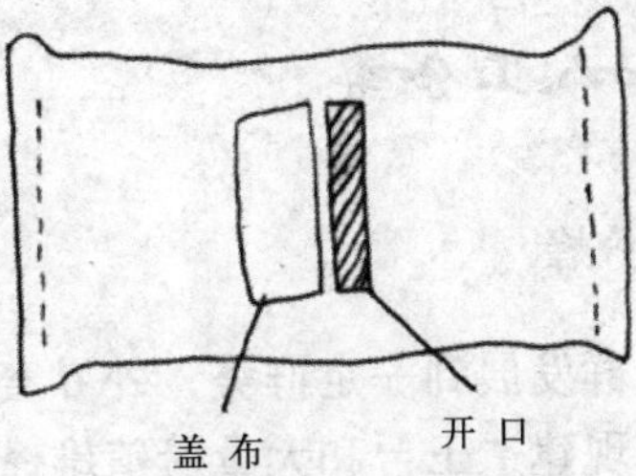

图 7–35　盗蜂预防布

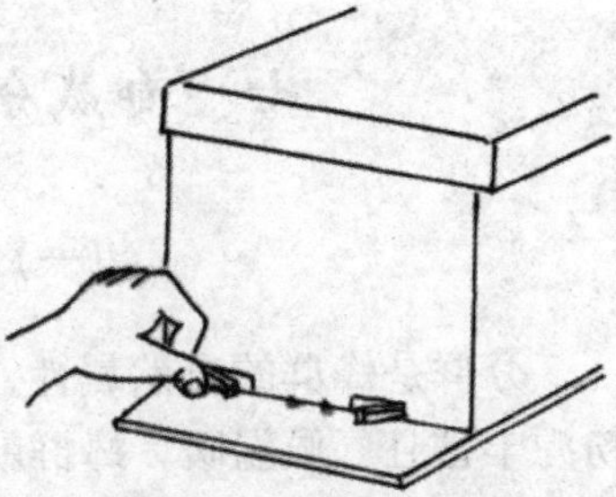

图 7–36　缩小巢门防盗蜂

也可在被盗蜂箱周围洒些有异味的水，把盗蜂驱散(图 7–37)，再把被盗蜂箱转移。

蜜蜂具有识别蜂巢的能力,其最大飞行距离是方圆 7.5 千米。如需将蜂箱搬迁 4 ~ 5 千米，可在原址放几只空蜂箱，箱内放 1 ~ 2 张空巢脾，用来收集飞回的蜜蜂。过 2 ~ 3 天把收集到的蜜蜂同新址蜜蜂合并。搬迁时，为了确保蜂王安全，要用小木卡子把巢脾卡住(图 7–38)。一般在天黑蜜蜂进巢关闭巢门后再搬动。

图 7–37　泼洒有异味的水驱散盗蜂

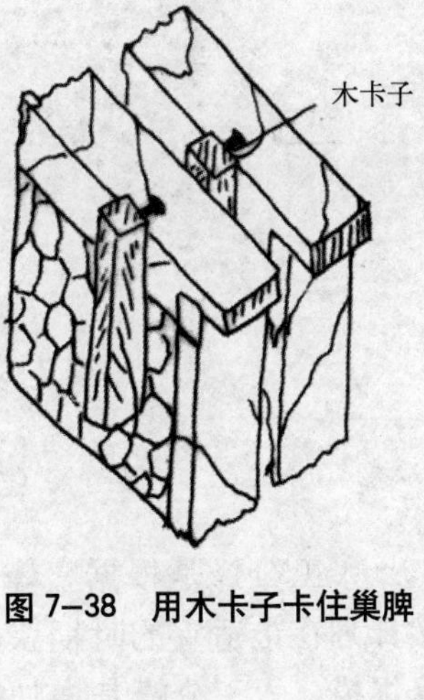

图 7–38　用木卡子卡住巢脾

七、自然分蜂和人工分蜂

（一）自然分蜂

分群是蜂群的自然属性。当蜂群发展到一定群势，外界蜜粉源丰富且气候温暖，蜂群就会出现建造王台和大量繁殖雄蜂的现象。蜂群中的工蜂也开始消极怠工，出现分蜂情绪。由于分蜂会严重影响养蜂生产，故应及时预防蜂群出现分蜂热。

自然分蜂开始时，蜂王随工蜂飞出蜂箱，在附近树枝上结团，此时要马上组织收捕。准备一个放入 1 张蜜脾、2 ~ 3 张空脾的蜂箱，用一根长杆绑上巢脾，引诱蜜蜂入箱。如树枝较低，可锯断树枝，将树枝上的蜜蜂抖入蜂箱。盖上箱盖，关闭巢门，待蜜蜂安静后再开箱检查，进行调整（图 7–39）。

图 7–39　自然分蜂的收回

（二）人工分蜂

人工分蜂是根据蜜蜂自然分蜂的规律和群体繁殖的原理，按计划在最适宜的时期获得新分群，以增加蜂群数量，扩大养蜂规模。人工分蜂是增加蜂群数量和扩大生产的基本方法。人工分蜂常采用强群平分法、原箱分群法、加继箱分群法、小群分群法、补强交尾群法等多种分蜂方法。

1. **强群平分分群法** 就是将一个具有8框以上的蜂群平均分为两群。在原群的位置上并排放两个空箱，中间距离20厘米。把原群里的蜜粉脾、子脾和蜜蜂平均分别提到两个空箱里。外勤蜂回巢时分别飞入两箱。两群差异大时可互换两箱位置，调整蜂数。两箱蜂数基本相等后，傍晚给无王群介绍一只产卵蜂王，则两群即可独立生活（图7-40）。

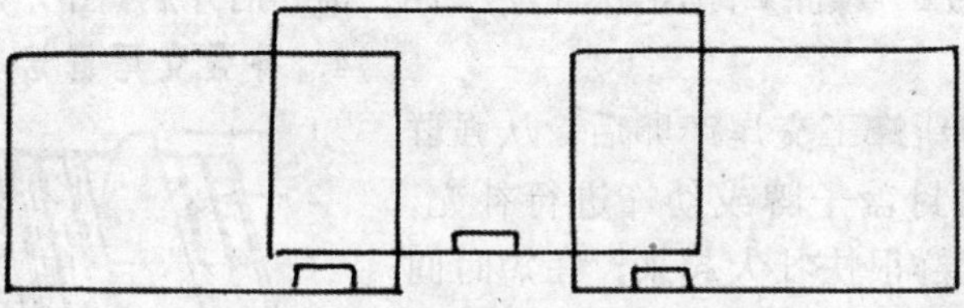

图7-40 强群平分分群法示意

2. **原箱分群法** 用16框箱分群时，可把原有巢箱用隔板隔成两区，将蜂群平分为2份，各放一区。一区用原蜂王，另一区介绍新产卵王。两区各开一巢门，两巢门相距要远些。要做好保温和饲喂工作。新产卵蜂王到群内产几脾子后，可将隔板换成铁纱闸板，便于两群互调巢脾、互换幼蜂和子脾，使两群群势逐渐平衡发展。也可以将原来的蜂王取出，两区内同时介绍两只成熟王台，当蜂王交尾产卵后即成两群，待两群都发展到满箱时再分箱安放（图7-41）。

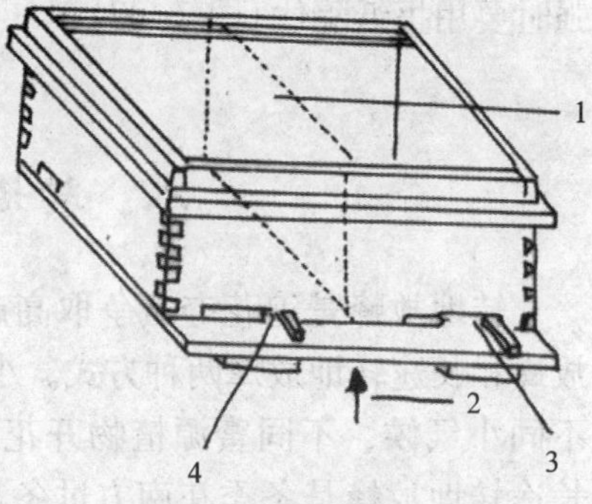

图7-41 原箱分群法示意

1. 隔板 2. 原群巢门正对隔板
3,4. 分群后两巢门

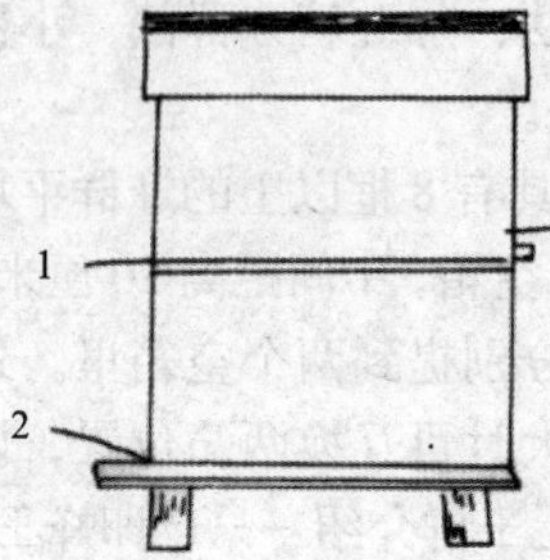

图 7–42 加继箱分群法示意

1. 隔板 2. 原巢门 3. 向后开新巢门

3. **加继箱分群法** 在原群巢箱上加一只继箱，巢箱和继箱间用带巢门的木隔板隔开。原蜂王放在继箱内，巢箱内诱入产卵蜂王或介绍成熟王台。新蜂王产卵后，将木隔板换为带巢门的铁纱副盖。继箱巢门和原巢箱巢门一前一后开启(图 7–42)。

4. **补强交尾群法** 交尾群中的新蜂王交尾产卵后，从强群中提出封盖子脾或幼蜂进行补充，使交尾群很快壮大起来，在短时间内成为新的生产群。具体方法是：每次从强群中提出 1 ～ 2 张带幼蜂的封盖子脾补给交尾群，待封盖子脾大部分出房后，再补强一次，经过连续几次补强，短期内便能发展成为投入生产的强大蜂群，注意补强时要用报纸隔住(图 7–43)。

图 7–43 补强交尾群法示意

1. 报纸 2. 交尾群 3. 待盖子脾

八、转地放蜂

转地放蜂是追花夺蜜争取高产的有效措施，可分为小转地放蜂和长途转地放蜂两种方式。小转地放蜂是在当地不同地区、不同小气候、不同蜜源植物开花流蜜时进行短距离转地放蜂。长途转地放蜂是冬季在南方过冬，春季随着花期逐渐北移，秋后再由北向南转移的放蜂方式。但不论小转地放蜂还是长途转地放蜂，都要有计划、有组织地做好管理工作。

（一）放蜂路线

放蜂路线安排是否适宜是转地放蜂能否获得高产和最佳经济效益的关键。根据各地蜂场的流动趋向，我国的放蜂路线归纳为东线、中线和西线3条路线。

1．**东线** 蜂群在福建省、广东省春繁，2～3月初北上到江西省、安徽省采集油菜、紫云英花蜜。以后向北转移到浙江省北部和江苏省继续采集油菜、紫云英花粉。4～5月份到苏北、山东、河北等地采集刺槐、枣树蜜，或到河北、北京等地采集荆条蜜。然后转地辽宁省采集向日葵、荞麦，出山海关到吉林省、黑龙江省利用山花繁殖，采集椴树蜜，然后陆续返回南方休整越冬。

2．**中线** 蜂群在两广地区春繁，在当地采集荔枝、龙眼蜜。3月份北上到湖南省、湖北省采集油菜、紫云英花蜜。4～5月份到河南省、河北省采集刺槐、枣花蜜。6～7月份到山西省采集荆条、向日葵蜜，然后陆续返回南方休整越冬。

3．**西线** 蜂群在云南、广西、四川等地春繁，采集油菜、紫云英花蜜。4月份到甘肃省境内采集油菜，接着采集白刺花、刺槐、苜蓿、山花等，6～7月份到青海地区采集党参、野藿香、向日葵花蜜。8～9月份到新疆采集棉花花蜜，棉花花期长、流蜜多，然后再陆续转回南方休整越冬。

（二）蜂箱巢脾的排列方式

各类巢脾的排列要有利于蜂群的生活和通风，使巢箱和继箱都有相当的空间，便于蜜蜂疏散和空气流通。春季气温低，子脾要放在中央；夏季气温高，群势强，将子脾和空脾分别放在上、下两个箱内，中央留有空间（图7-44）。

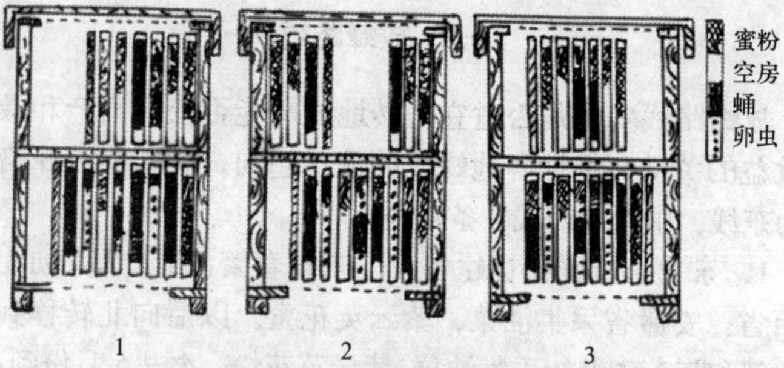

图 7–44　蜂箱巢脾排列方式

1. 巢脾靠一侧 2. 继箱中间留空 3. 两侧留空

（三）运蜂方法

运蜂时用框卡固定巢脾。在每个巢脾上梁两端靠近边条处卡上框卡，然后用起刮刀挤紧，再用铁钉钉牢。框卡用木条制成，长 40 毫米、宽 15 毫米、厚 12 毫米(图 7–45)。

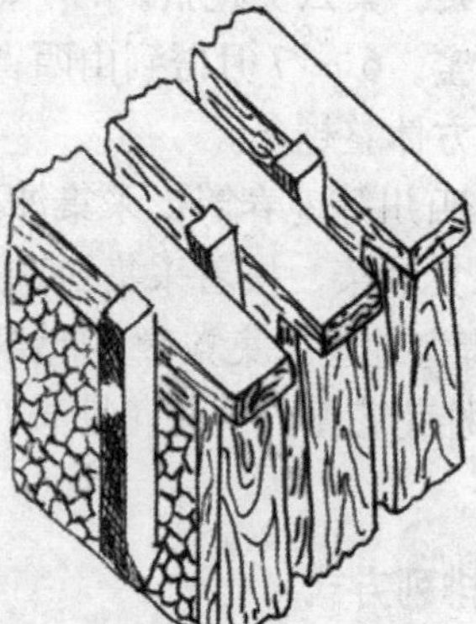

图 7–45　框　卡

箱外用箱外包装器包装，以连接巢箱和继箱(图 7–46)。

运蜂时，可使用巢门罩。巢门罩两侧梁长 21 厘米、厚 1.5 厘米，下端宽 4 ～ 8 厘米、上端宽 1.5 厘米。上、下梁长 37 厘米、宽 1.5 厘米，上梁厚 1 厘米，下梁厚 0.5 厘米。下梁与侧梁连接后形成 2.5 厘米的蜂路。纱罩孔眼为 3.5 厘米。巢门罩侧梁下端有竖式框耳。转运前一天傍晚抽掉巢门板，将巢门罩框耳插在原巢门板的位置，用铁钉固定。打开巢箱气窗，驱蜂入巢。将巢门罩放在蜂箱大盖上，每只箱盖里可放 2 只(图 7–47)。

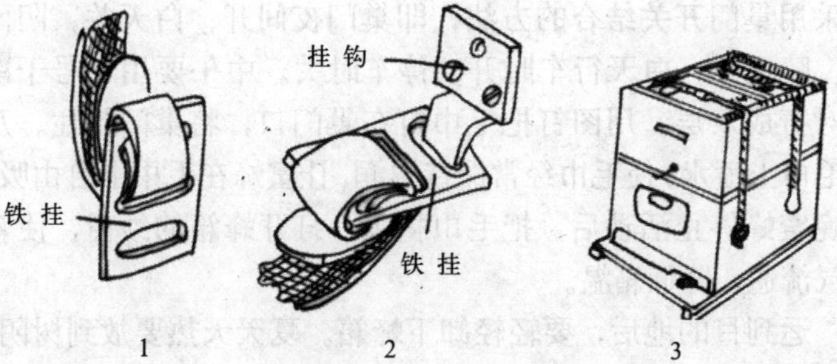

图 7–46　箱外包装

1. 一端穿入铁挂　2. 另一端穿在拉紧器上　3. 固定铁挂

运输蜂群可用普通卡车，一般宜横装3列，第一列箱背靠车壁，巢门朝里。第二列与第一列相对，两列间可容一人走动。第三列箱背紧靠第二列箱背。巢门朝着车厢另一壁的通道。各列蜂箱依次紧靠。通常30吨的卡车车厢可装300箱左右，夏季应少装些，冬季可多装些（图7–48）。

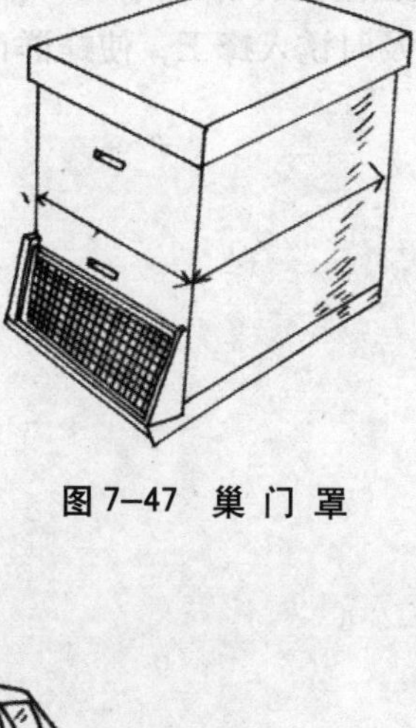

图 7–47　巢 门 罩

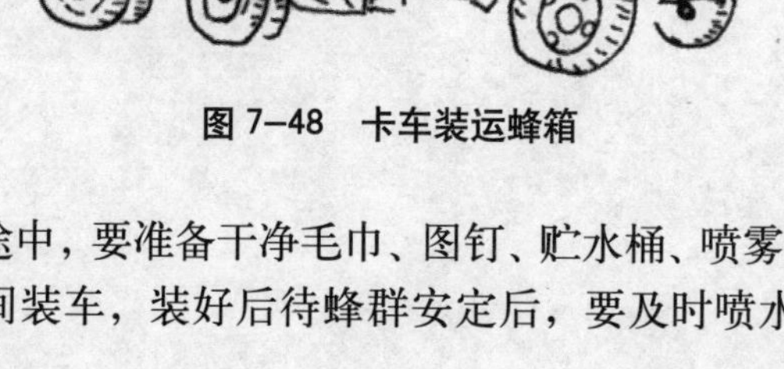

图 7–48　卡车装运蜂箱

运输途中，要准备干净毛巾、图钉、贮水桶、喷雾器等用具。通常在夜间装车，装好后待蜂群安定后，要及时喷水。运蜂一般采用巢门开关结合的方法，即巢门夜间开、白天关，阴雨天开、晴天关，白天行车时开、停车时关。中午要用小号干净毛巾对折成双层，用图钉把毛巾钉在巢门口，将巢门封住。及时在毛巾上喷水，使毛巾经常保持湿润，让蜜蜂在毛巾上自由吸水。傍晚蜜蜂停止活动后，把毛巾揭下，打开蜂箱的纱窗，使箱内空气流通，降低箱温。

运到目的地后，要轻轻卸下蜂箱。夏天天热要放到树阴下。摆放蜂箱要设置明显的标志，使蜂群容易识别箱位。开巢门前先喷水，使蜂群安静后再先小后大隔群打开巢门，待蜂飞出后再全部大开。过 1 ~ 2 天后，要全面检查整理 1 次。先检查强群，后检查弱群，清除蜂箱内的死蜂。缺蜜群要补蜜脾，失王群要及时诱入蜂王，使蜂群正常运转。

第八章　蜂群四季管理技术

一、蜂群春季管理技术

"一年之计在于春，春季管理繁殖蜂"，这句话直接反映了蜂群春季管理的重点。这个时期的主要管理工作是促进飞翔排泄、全面检查蜂群、密集保温、奖励饲喂、调整巢脾、根治蜂螨、蜂群喂水、合理组织双王群等。

（一）促进飞翔排泄

蜜蜂经过长达 3 ～ 4 个月的越冬期后，大肠内积累了大量的粪便，为了减轻蜜蜂的负担，及早投入早春繁殖，开春以后需要创造条件，让蜜蜂提早飞翔排泄，不但可促进蜜蜂的繁殖，也有益于蜜蜂的健康。排泄的最佳时间是当地蜜源流蜜期到来之前 20 ～ 30 天。选择晴暖无风、气温达到 8℃ ～ 10℃的中午，撤除蜂箱上的保温物。打开蜂箱盖，让太阳光直射蜂巢，促使蜜蜂自由飞翔排泄（图 8–1）。

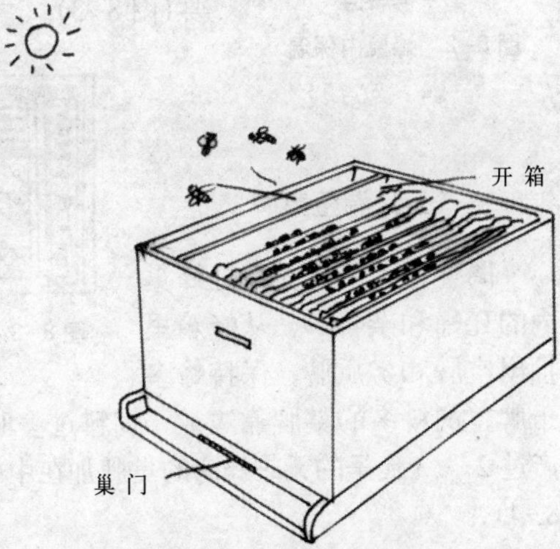

图 8–1　越冬蜂飞翔排泄

（二）全面检查蜂群

早春要对蜂群进行全面检查，检查后要填写卡片、记录表，对于总蜂数和死蜂数、饲料数量、工蜂体质状况、有无病害发生、蜂王产卵情况、蜂子发育情况等，都要详细记录。

（三）密集保温

春季是蜂群繁殖的主要季节，此时外界气温还很低，蜂巢内外温差很大，为了能够迅速地将蜂群繁殖起来，赶上采集当地最早的蜜源，故应加强巢内保温，增加保温物(图 8–2)。

图 8–2　蜂巢内保温

（四）奖励饲喂

早春在没有蜜源植物开花前，要在蜂巢框梁上放置花粉饼，以保证蜂巢内有充足的饲料，供给蜜蜂生活需要(图 8–3)。

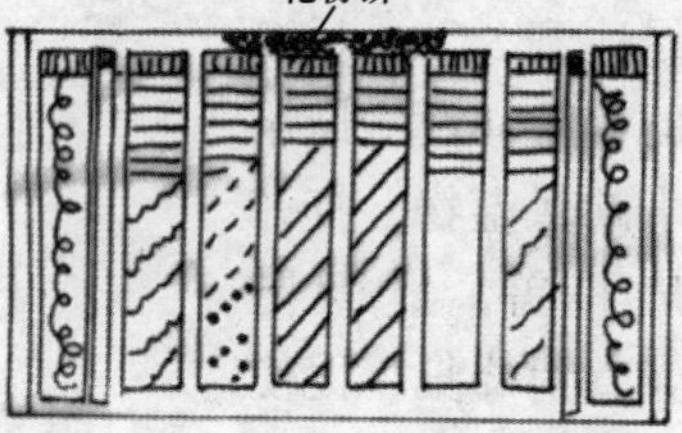

图 8–3　蜂巢框梁上放置花粉饼

（五）调整巢脾

调整巢脾前要先清理蜂巢内的死蜂和杂物等，从蜂箱里抽出空脾和劣质脾，保持蜂多于脾。饲料多的巢脾靠边放。饲料过多时要抽除多余的蜜脾，产过 2 ～ 3 代子的无雄蜂房的巢脾加在中间让蜂王集中产卵(图 8–4)。

图 8-4　调整巢脾

1. 蜂蜜　2. 隔板　3. 保温物
4. 新蛹脾　5. 虫卵脾　6. 老蛹脾
7. 空脾

（六）根治蜂螨

立春以后，天气一天天变暖，蜂王开始产卵，但子面不大，蜂螨都寄生在封盖的巢房内。应选择温暖的中午，割掉封盖子脾，喷施杀螨剂 1 号，将在蜂群内越冬的少量蜂螨全部消灭。如果这次治螨彻底，能保证蜂群半年内不会再发生螨害（图 8–5）。

（七）蜂群喂水

水有助于各种营养成分的消化吸收和体内废物的排泄，而且还有调节巢内温、湿度的作用，当蜂群进入繁殖期则更需要水，因此早春给蜂群喂水十分必要。要采取箱内喂水和箱外喂水相结合的方式，箱内喂水可使用框梁上槽框式饲喂器（图 8–6），箱外喂水可使用巢门喂水器（即取一小口瓶，用脱脂棉堵住瓶口，其内灌冷开水倒放在巢门前）。

图 8–5　喷施药物根治蜂螨

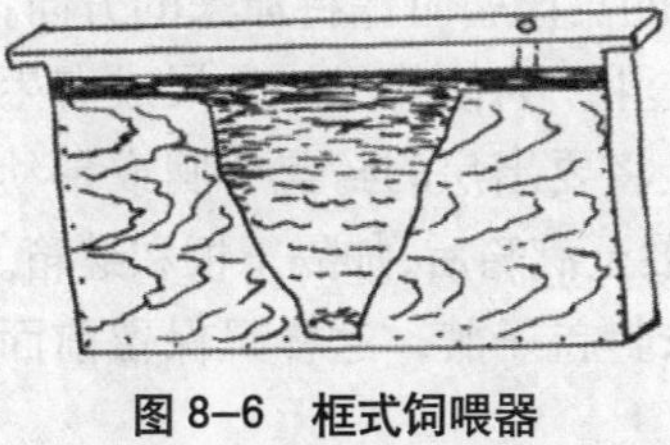

图 8–6　框式饲喂器

（八）合理组织双王群

饲养双王群不但有利于春季蜂箱保温、保湿，使蜂群迅速繁殖，及时培养强群投入生产，而且能一直保持强大的群势，达到持续高产的目的。双王群的组织和管理多采用以下几种方式。

1. **品字形双王群** 当蜂群发展到 6 ~ 7 框蜂、10 张巢脾时，用死隔板将蜂箱隔成大小两个区域。大区放 7 ~ 8 张脾，将蜂王留在大区，使用原来的巢门。小区放 2 ~ 3 张巢脾，其中有 1 张蜜粉脾、1 ~ 2 张封盖子脾，在侧面开巢门，并由大区向小区抖落 1 ~ 2 框蜂。翌日小区内的采集蜂飞回大区只剩下幼蜂时，用大群中不带蜂的封盖子脾与小群中不带蜂的虫卵脾调换。当两群发展密集时，将死隔板调到正中间，小区的巢门也调至前面，巢箱上加隔板和继箱。巢箱内每区各保留 2 张封盖子脾、1 张虫卵脾和 1 张空脾，其余蜜脾、粉脾、封盖子脾等全部都放到继箱中（图 8–7）。

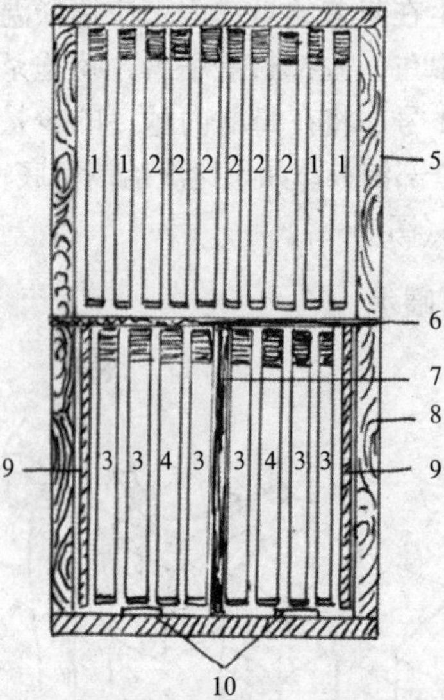

图 8–7 品字形双王群的组织示意

1. 蜜粉脾 2. 蛹脾 3. 虫卵脾 4. 空脾 5. 继箱 6. 隔王板 7. 死隔板（两侧各隔 1 只蜂王） 8. 巢箱 9. 隔板 10. 巢门

2. **巢门开在巢箱两角的品字形双王群** 10 框标准蜂箱用死隔板隔成 4 个区，并在四面开门，同时饲养 4 个交尾群。若 4 只蜂王全都产卵成功，就要再搬来 1 只隔成两区的 10 框标准箱，并放一起，分成 2 个双王群，各群的巢门暂时保持原来的方向，以免蜜蜂进错巢门，造成偏集和咬斗。为使其尽快发展成有生产能力的蜂群，应逐步用不带蜂且将要出房的封盖子脾或带幼蜂的封盖子脾补助双区。当蜂群发展至满箱后，加隔王板和继箱。两群都向继箱内提取 2 框带蜂的未封盖子脾，这样只保留前面两个巢门，并适当扩大。

在管理中，要每隔5～6天检查1次，使巢箱中的巢脾经常保持有2张封盖子脾、1张未封盖虫卵脾和1张空脾，若有不足或超量，则应在检查过程中与继箱中的巢脾进行对调，以保证2只蜂王都有产卵的巢房。

如果死隔板用0.5厘米的三合板制作，每区可放5张巢脾。为便于更换蜂王，两区的巢门可开在前壁的两个箱角上(图8-8)。

图8-8　巢门开在巢箱两角的品字形双王群

3. M形双王群　在发展到6～7框蜂的16框蜂箱中间安放一块死隔板，将16框蜂箱划为两区，每区各开巢门，一区有王，一区无王。向无王区介绍1只和原蜂王质量相等的蜂王组成双王群。随后将死隔板换成带窗隔板或铁纱隔板，并正对隔板开一大巢门，巢门中间隔板，将原巢门关闭，即成M形双王群(图8-9)。

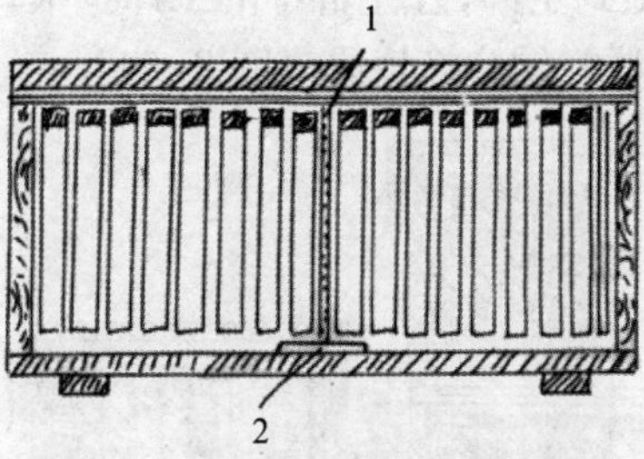

图8-9　M形双王群的组织示意

1. 装有铁纱死隔板把两蜂王隔两区
2. 两区共用一个巢门

4. 16框卧式蜂箱加继箱组织双王群　定地饲养强群时，经常选用16框卧式蜂箱上加继箱的方法来扩大蜂巢。该方法有单王群和双王群之分。双王群是将蜂群划为主、副两区，每区各有1只蜂王。副群一侧放6张巢脾，主群一侧放9张巢脾。在主群上加继箱。经常调换巢脾，互相补助。在大流蜜期到来时，还可以加第二继箱。加继箱后，16框箱盖改换为10框和6框两个箱盖(图8-10)。

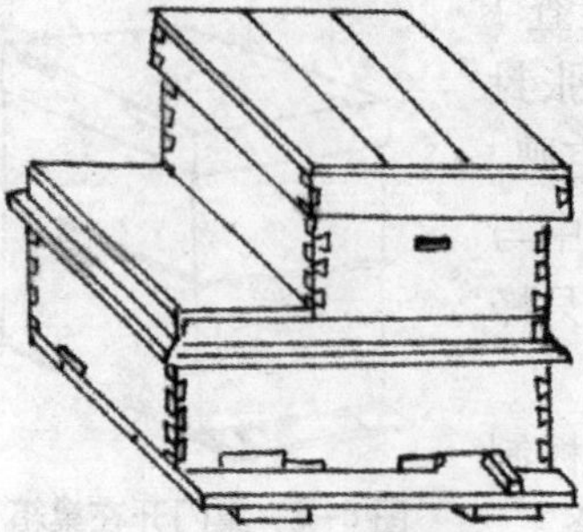

图 8-10　16 框卧式蜂箱加继箱组织双王群

二、蜂群夏季管理技术

夏季是养蜂生产的主要季节，因蜜源植物的开花期多在此季。蜂群夏季的管理技术，主要包括组织采蜜群、合理摇蜜、设置喂水器、蜂箱遮阴、适时采粉等。

（一）组织采蜜群

1. 主副群饲养　蜂群要以强带弱、以弱补强。在流蜜期到来之前把主群中的老蛹脾提到副群，待幼蜂出房后加强副群的群势。同时，把副群中的虫卵脾提到主群，让主群中的工蜂饲喂，增加主群工蜂的工作量，消除主群蜂的分蜂情绪（图 8-11）。

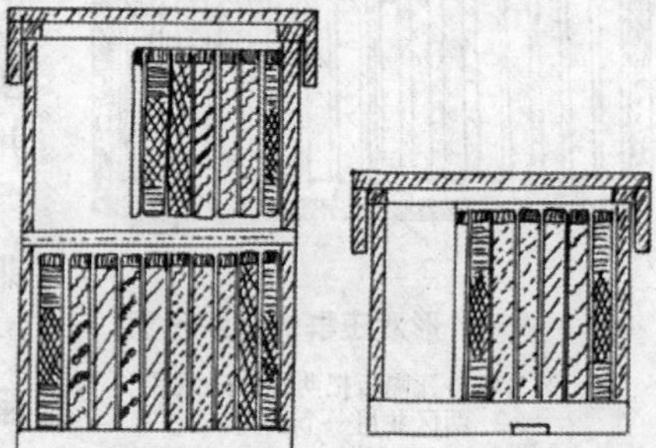

图 8-11　主副群饲养

1. 主群　2. 副群

2. 叠加继箱饲养　在流蜜期，将主群巢箱内的老蛹脾提到继箱中形成副群。在巢箱与继箱之间加上平面隔王板，把蜂王控制在巢箱内繁殖。把老蛹脾提给继箱后加巢础给予补充，让蜂王在新脾上产卵。如果在大流蜜期到来之前主群的蜂量达到 16 框，可以加第二个继箱；同时，给副群也加上继箱，以扩大蜂巢，消减分蜂情绪。在大流蜜期每隔 2 ～ 3 天取继箱蜜 1 次，并对主、副箱群巢脾进行调整。如流蜜期长，蜂王强健，能维持大群，蜂量达 20 框以上，则可加第三个继箱。第三个继箱加在第二个继箱和巢箱之间的隔王板上，箱内可加空脾或巢础（图 8-12）。

（二）合理取蜜

夏季养蜂的主要工作之一就是取蜜。一般蜜蜂 2 ~ 3 天就能在蜂巢里把花蜜酿造成为成熟的蜂蜜，封上蜡盖贮存起来。大流蜜期一般每隔 3 天取 1 次蜜，这样取出的蜂蜜质量较好。取蜜操作包括寻找蜂王、抖掉蜜蜂、割去蜜房蜡盖和摇蜜等几个步骤(图 8–13)。高温季节取蜜要在早晨凉爽时进行。

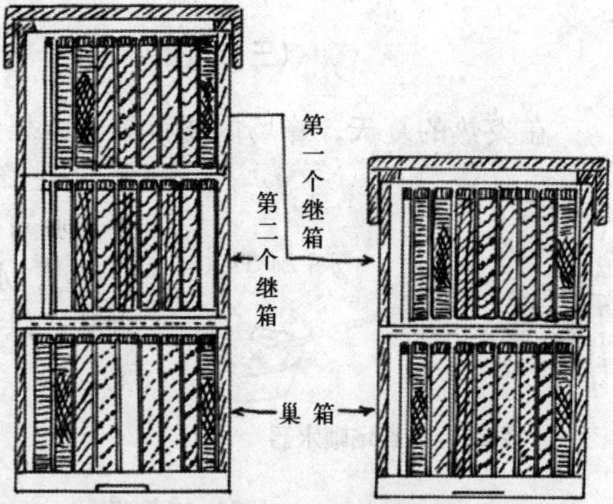

图 8–12　叠加继箱饲养

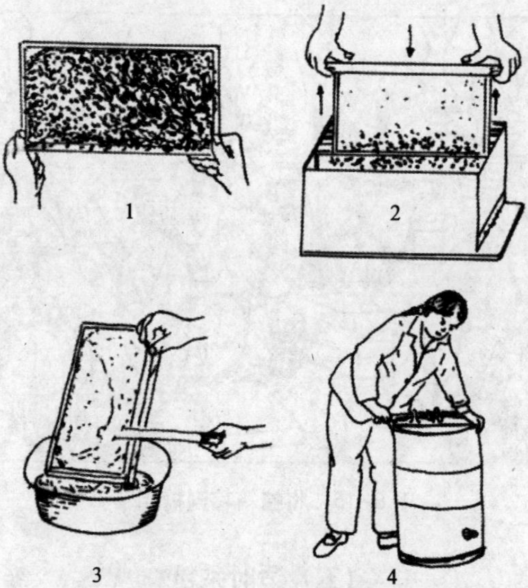

图 8–13　取蜜操作步骤

1. 寻找蜂王　2. 抖掉蜜蜂　3. 割去蜜房蜡盖　4. 摇蜜

（三）设置喂水器

在炎热的夏天，蜂场内要设置喂水器给蜜蜂喂水。喂水器可在蜂箱内或巢门口设置，亦可在蜂场内设置（图8-14）。水中可添加0.1%的食盐，以满足蜜蜂的生理需要。

图 8-14　蜂场喂水器

（四）蜂箱遮阴

夏季日照时间长、温度高、气候干燥，对蜂群的繁殖和生产不利。要及时把蜂箱移到树阴下，避免阳光直射。同时，要打开蜂箱上下通风孔通风，也可以在蜂场洒水补湿（图 8-15）。

图 8-15　将蜂箱移到树阴下

（五）适时采粉

蜜蜂生长发育所需的营养主要来自植物花粉。夏、秋季植物开花粉源充足时，要收集贮存一些花粉，以备缺粉时作为辅助饲料，促进蜂群繁殖。收集花粉可用巢门脱粉器，当采集蜂飞回通过巢门时，必须经过巢门脱粉器，这样其腿部携带的花粉团就被刮下来落入集粉盒内(图8–16)。

图 8–16　巢门脱粉器脱粉

1. 脱粉框　2. 集粉盒

三、蜂群秋季管理技术

“养蜂一年之季在于秋”，这是养蜂实践的总结。秋季管理的主要任务是为蜂群准备充足的优质饲料，培育数量多、质量好的越冬蜂，为蜂群越冬创造适宜的条件，为翌年养蜂打下坚实的基础。

（一）培育越冬蜂

从 8 月 15 日至 10 月 6 日是繁殖越冬蜂的关键时期，要抓住这段时间进行奖励饲喂。从 8 月 15 日开始，把蜂箱内子脾上的蜜摇出，腾出空房让蜂王产卵。同时，采用主副群饲养法进行管理。更换主群老王，组成小群，让老王产卵作副群使用，充分利用蜂王大量产卵(图 8–17)。

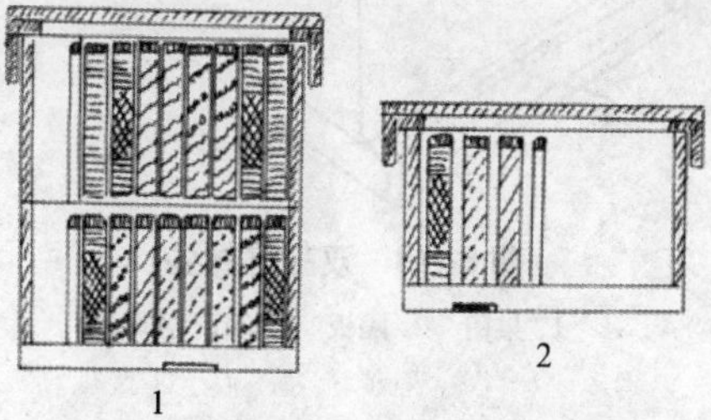

图 8–17　主副群饲养培育越冬蜂

1. 主群　2. 副群

（二）合并主副群

从 10 月 7 日开始，进行蜂场全面大检查。淘汰老劣王，合

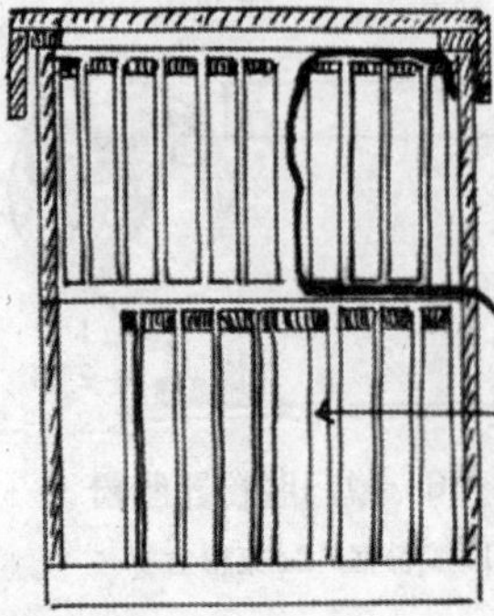

图 8-18 合并主、副群

并主副群。在将副群用报纸包裹隔开合并到主群继箱中间时，把主群蜂王连同一张有蜜的巢脾装入框式王笼里，放在主群巢箱的中间部位，强行使蜂王停止产卵。1 个月后（即 11 月初）将蜂王放出，恢复蜂群的正常生活（图 8-18）。对巢脾进行调整，提出多余空脾，饲喂越冬饲料。在 11 月 15 日前要喂足饲料，准备越冬。

（三）双王群越冬

用隔板将蜂箱分隔成左、右两个区，把两群的半蜜脾分别放在靠近隔板处，整蜜脾放在半蜜脾外侧，两个蜂群的蜂团就会集结在隔板两边，达到互相保温的目的(图 8-19)。

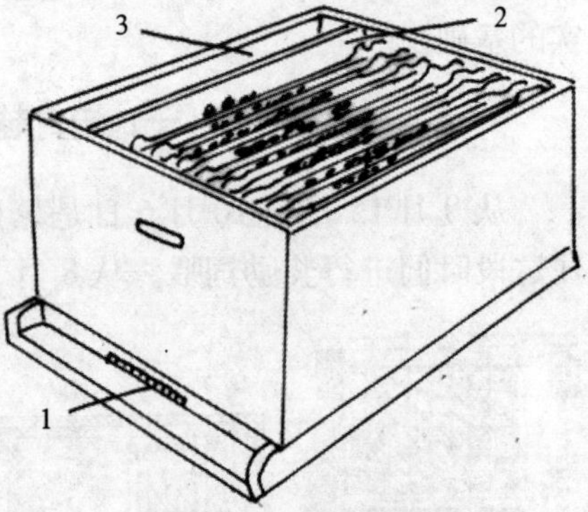

图 8-19 双王群越冬

1. 巢门 2. 隔板 3. 箱内空间

（四）加继箱越冬

子脾和半蜜脾放在巢箱内，整蜜脾放在继箱内。即巢箱约有 8 千克贮蜜，继箱约有 15 千克贮蜜，让蜂群开始在巢箱中下部结团。随着饲料的消耗，蜂团向上移动，最后结团于巢箱和继箱之间。巢门开在蜂箱下部中央。布置蜂巢时，要记录蜂群的情况(图 8-20)。

（五）控制蜂王产卵

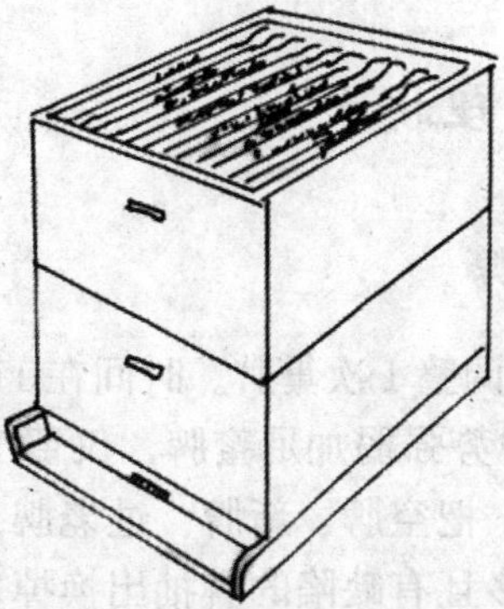

图 8–20　加继箱越冬

控制蜂王产卵可使用控卵器。控卵器用薄铁皮制成，长 85 毫米、宽 60 毫米、高 20 毫米，边缘呈锯齿状，便于固定到巢脾上。孔眼直径 4.4 毫米，以控制蜂王产卵（图 8–21）。

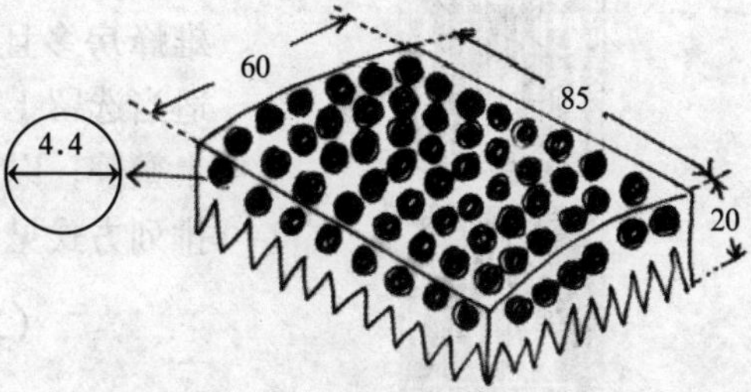

图 8–21　控卵器（单位：毫米）

（六）饲喂越冬饲料

饲喂越冬饲料的时间在 10 月上中旬。越冬饲料的配制方法为：5 份蜂蜜加 2 份水，或 5 份白糖加 3 份水。用砂锅微火加热熔化，充分搅拌均匀，加入 0.1% 的食盐。每 10 升饲料中加 0.05 克磺胺和 1 克大黄苏打，以防治病虫害。熬好的饲料晾凉后，用筷子蘸取拉长，如呈丝状则说明熬制过火不可使用，如呈条状断开缩回则为最佳（图 8–22）。

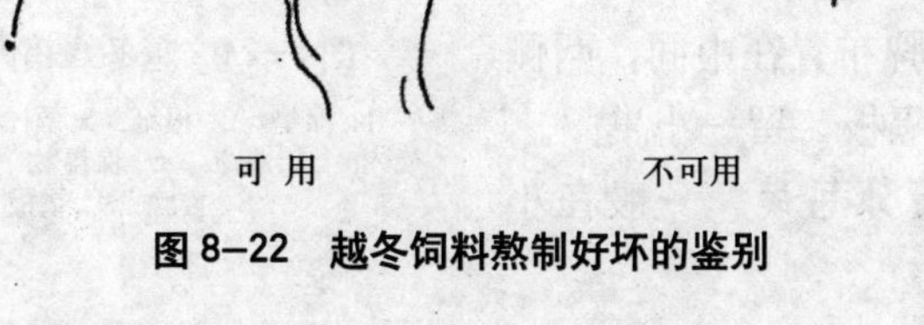

图 8–22　越冬饲料熬制好坏的鉴别

四、蜂群冬季管理技术

（一）调整巢脾

为了让蜂群安全过冬，越冬前要调整1次巢脾。时间在11月上旬，选择晴暖无风的天气，按群势强弱加足蜜脾，仅留1张粉脾，把空脾、新脾、过老脾、雄蜂房多且有缺陷的脾抽出换掉，适当选留1～2个中部有空房眼的半蜜脾，以利于蜂群结团。巢脾的排列方式见图8–23。

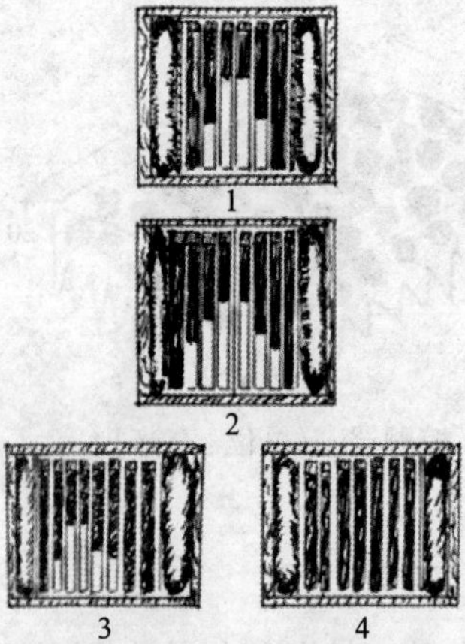

图8–23　越冬前巢脾的调整

1. 中央放小蜜脾，两侧放大蜜脾　2. 双王同巢越冬　3. 偏食布置　4. 靠蜜脾重量相等，放大蜂路

（二）防寒保暖

1. **箱内包装**　双王群包装时，应在箱内用死隔板划成两区，使两群紧靠中间的隔板。外侧各放一隔板，空处填满棉花或草类保护物。每群框梁上横放3根木棍，盖上覆布，再盖棉垫。如棉垫不严，可加草填充。可带铁纱盖包装，防止鼠害。前面开巢门，不再设气孔。箱内留1～2框的空隙，以利于通气（图8–24）。单王群蜂脾布置在中间，两侧各放一块隔板，留一小巢门。

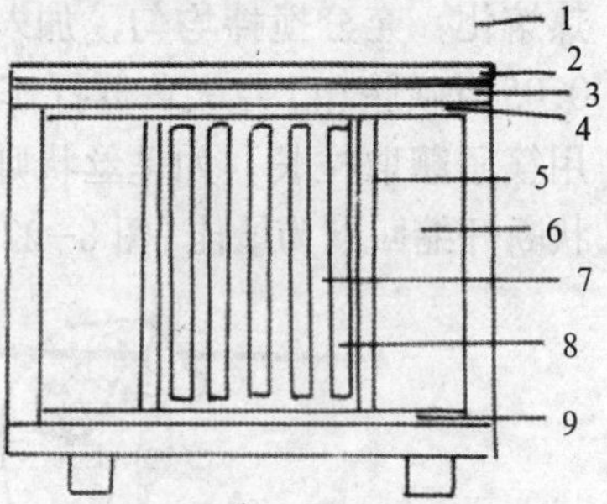

图8–24　越冬蜂箱内包装

1. 棉垫　2. 报纸　3. 副盖　4. 覆布　5. 隔板　6. 保温物　7. 蜜蜂　8. 蜜脾　9. 垫板

2. **箱外包装**　一般在小

雪前后才进行箱外包装。包装时用草帘把蜂箱左、右和后面围住。也可用土坯、秸秆围住蜂箱，外面抹泥。蜂箱周围和两个蜂箱之间塞上稻草，上面再盖上草帘，使蜂群安静。包装后在巢门前用土培一斜坡，把垫箱底的乱草压住，这样可随时观察蜂群，发现问题，及时解决(图 8-25)。

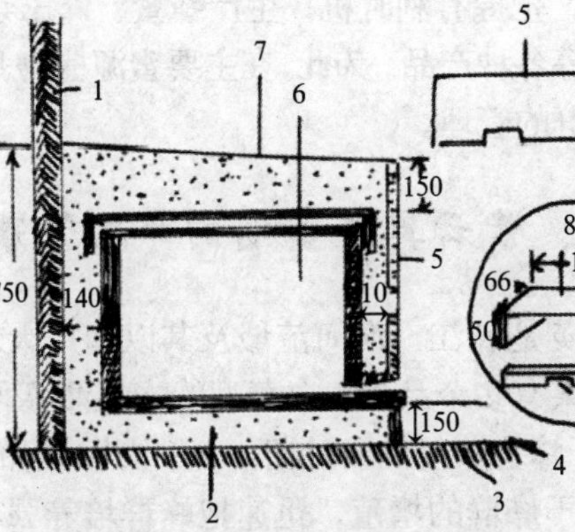

图 8–25　越冬蜂箱外包装（单位：毫米）

1. 背风向阳围墙　2. 保温干草　3. 池子前壁　4. 地面　5. 挡板　6. 蜂箱　7. 盖塑料布　8. 越冬巢门　9. 小门　10. 大门

（三）预防敌害

无论是室内越冬还是室外越冬，都要注意老鼠为害。同时，要保管好从蜂箱中提出的巢脾。为防止巢脾生虫或霉变，可用甲醛合剂熏蒸巢脾。

第九章　主要蜜源植物流蜜期的蜂群管理技术

我国有30多种能生产大量商品蜜的主要蜜源植物，它们的开花流蜜期就是蜂产品的生产时期，应根据气候、蜜源、蜂群和产品适销情况，把握有利时机，生产蜂蜜、蜂王浆、蜂花粉、蜂毒、蜂蜡、蜂胶等各种产品。为此，在主要蜜源植物开花流蜜期，要特别注意对蜂群的管理。

一、油菜、紫云英流蜜期的蜂群管理技术

油菜、紫云英是长江、淮河流域及其以南广大地区春季最主要的蜜源。油菜有多个品种，白菜型的本地油菜种植面积小、开花早、花期处于蜂群恢复发展时期，一般作为蜂群的辅助蜜源。这个时期应着重于蜂群的增殖，迅速把蜂群培养强壮更替越冬蜂，缩小蜂巢，使蜂多于脾，等到新蜂出房以后，逐渐扩大蜂巢，注意子脾不要让存蜜压缩产卵圈。

甘蓝型的胜利油菜开花较晚，和紫云英花期相连接，是采蜜、生产蜂王浆、人工育王、人工分蜂、更换老劣蜂王、造脾的有利时机，应抓紧、抓住，争取全面丰收。

西北地区和新疆地区的油菜属于春播芥菜型，花期在6～7月份，从南向北或从东向西花期推迟，可以强群生产蜂蜜、蜂王浆，兼顾蜂群繁殖，同时注意防止蜂螨为害。

二、刺槐流蜜期的蜂群管理技术

刺槐的花期只有1周左右，花期短，易受寒潮风雨影响，只有15框蜂以上的蜂群才能采到蜜。可进行转地饲养，采集2～3个地方的刺槐蜜。刺槐流蜜期也可生产蜂王浆，同时注意育王、

分蜂和造脾等工作。

三、荔枝、龙眼流蜜期的蜂群管理技术

荔枝、龙眼是华南亚热带地区的珍贵果品。花期适温为18℃～24℃，泌蜜适温为15℃～32℃。应选择大年、树势生长茂盛、两种果树都有种植、附近有瓜类等蜜粉源植物的地方放蜂。待果园防治虫害喷过农药后进场，将蜂群放于树阴下，防止阳光暴晒。注意防治蜂螨和幼虫病，防止蟾蜍等敌害。定地蜂场在流蜜后期应留足越夏饲料蜜脾，如遇低温阴雨缺蜜、缺粉时，应及时补饲。

四、枣树流蜜期的蜂群管理技术

枣树花期长达1个月，花期长、泌蜜多，但缺少花粉，而且花期多干旱、气温高。枣花蜜含有较多的钾盐并有生物碱，采集蜂易中毒死亡，发生所谓的“枣花病”，故应选择兼有玉米、瓜类、紫花苜蓿或枸杞等蜜粉源植物的地方放蜂。注意给蜂箱遮阴，保持蜂箱通风并洒水降温，饲喂酸性解毒药物或者坚持每天饲喂稀糖浆。

五、白刺花流蜜期的蜂群管理技术

白刺花又名狼牙刺，主要生长于秦岭山区，在其开花的同时还有漆树、五味子和各种山花开放，流蜜期可长达1个月。白刺花泌蜜适温为25℃左右，在大年开花期，一眼望去全株都是花，即花中藏叶，泌蜜多；小年看到的都是叶，即叶里藏花，泌蜜少。有的地方如宝鸡地区，在白刺花花期之末有有毒植物开花，蜜蜂常发生花粉中毒，要注意提早转场。

六、紫花苜蓿流蜜期的蜂群管理技术

紫花苜蓿花期为20天左右，泌蜜量大。种植在黄土旱地的植株生长健壮，花多蜜多。蜜蜂采集紫花苜蓿时，时常只把喙伸入花瓣之间吸取花蜜而不采集花粉，因此要选择有其他粉源植物的地方放蜂，或者给蜂群补喂花粉。

七、乌桕流蜜期的蜂群管理技术

乌桕花有雄花、雌花和两性花之分，群体开花，先后交错，花期30余天，泌蜜量大，花粉多。乌桕花期正值炎夏，要做好防暑降温工作，防治病敌害。乌桕流蜜期结束后有棉花蜜源，要采取生产和繁殖并重的方针。若刮西南风，乌桕流蜜会突然停止，因此乌桕流蜜后期取蜜时可预留部分饲料蜜脾。如果发现乌桕发生蚜虫为害，为避免蜂群采集甘露蜜，要尽快转场。

八、荆条流蜜期的蜂群管理技术

荆条为山区的落叶灌木，花期长达1个月，泌蜜量大，有花粉，但是粉源不能满足蜂群繁殖的需要，故应选择附近有玉米、瓜类等粉源植物的地方放蜂，才会有好收成。注意防暑遮阴，加强蜂箱通风。流蜜期结束以后要防治蜂螨，浅山区和深山区的荆条流蜜期相差10多天，可以进行转地饲养。

九、椴树流蜜期的蜂群管理技术

椴树流蜜期有20多天，泌蜜量大，但不稳定。同期有大量野生草本植物开花，粉源充足，以后又有胡枝子蜜源，因此要组织强群采蜜，弱群繁殖，使生产和繁殖两不误。在椴树开花中后期，如果遇到暴风雨等自然灾害，就不再泌蜜，此时可以继续生产蜂王浆，并以生产群的子脾补助新分群或者弱群，使每个蜂群都能较快地发展，为下个流蜜期培育更多的生产群。

十、向日葵流蜜期的蜂群管理技术

向日葵因种植时间早晚不同，花期可长达 1 个月，泌蜜量中等，花粉多。在向日葵初花期，要特别注意农民防治蚜虫使用农药引起蜜蜂农药中毒和采集甘露蜜的危害。养蜂场地应选择在土地肥沃、向日葵种植面积大且集中成片的地方，避开与高粱间种或附近种植高粱多的地方。向日葵花期容易发生盗蜂，巢门大小以蜜蜂进出不拥挤为度，花期后期缩小巢门。检查蜂群、取蜜和生产蜂王浆等工作尽量结合在一起进行，减少开箱次数，最好在早晨蜜蜂未出巢以前做完。发生盗蜂时，要及时采取处理措施。

十一、棉花流蜜期的蜂群管理技术

棉花花期长达 2 个多月，流蜜期长，花粉少。棉花花期时天气热、敌害多，为防治棉花虫害还经常喷洒农药，容易导致蜂群群势下降。故应选择有树阴、有水源、附近有瓜类等粉源植物的地方设场，将蜂群放于树阴下，并要补喂花粉。这个时期的主要敌害有蜻蜓、天蛾、蚂蚁、蟾蜍等，应加以防范。一般可采取抓两头、避中间的办法来防止农药中毒，7 月份蜜源已经流蜜，且尚未普遍使用农药，可将蜂群运去采集 1 ~ 2 次；进入棉花流蜜盛期时，要经常与当地农民联系，了解使用农药的品种和日期，在使用剧毒农药时，要及时转移蜂群；在棉花流蜜后期，有麻类等杂花开放，是恢复群势的有利时机，在抓生产的同时，应注意促进蜂群增殖。

十二、荞麦流蜜期的蜂群管理技术

荞麦花流蜜量大，容易产生贮蜜压缩蜂王产卵圈的情况，故在取蜜时应调整蜂群，供给蜂王产卵的空巢脾。荞麦流蜜前期注意留下部分蜂群越冬用的蜜脾，中后期注意培育越冬蜂。在留足越冬饲料蜜脾的前提下，大量取蜜。在荞麦流蜜后期，随着气温下降和群势的削弱，应及时缩小巢门，防止发生盗蜂。合并弱群，更换老劣蜂王。蜂螨为害是造成蜂群秋季衰弱和越冬死亡的原因之一，应注意防治。

十三、柃属植物流蜜期的蜂群管理技术

柃属植物在我国约有 80 余种，主要分布于湖北、湖南、江西等地的丘陵山区。因品种不同，其花期从 10 月份延续至翌年 2 月份。主要在 10 ~ 11 月份由中蜂生产柃蜜（通常称冬桂蜜），常年可产柃蜜 10 ~ 20 千克。中蜂可早进山，借助山花繁殖，增强群势，但应注意饲喂酸性解毒饲料，预防同期开花的油茶蜜中毒。注意保温，后期留足饲料，预防胡蜂、蚂蚁等敌害。意蜂在 10 月上旬可生产部分柃蜜，在 10 月中旬应提早转场。

第十章　中蜂科学饲养技术

中蜂即中华蜜蜂，是原产于我国的、土生土长的蜂种。中蜂分布面积广、数量多，其饲养量占我国现有蜂种的50%左右，其中又以广东、广西、福建、贵州、云南、四川等地饲养量最大。我国广大农村历来就有饲养中蜂的习惯，通常采用木桶、树桶、竹笼、长方形板箱等固定巢脾的传统饲养方法。中蜂科学饲养也称中蜂新法饲养，是采用活框蜂箱等现代养蜂工具饲养中蜂的新方法。新法饲养可使中蜂蜂蜜产量大幅度上升，质量也相应提高，还能生产蜂蜡、蜂花粉、蜂王浆等产品。

一、中蜂的特点

第一，体小翅长。中蜂的翅长约占体长的64%，所以它的飞行速度非常快。32秒钟内能飞行1千米左右，可增加采集次数。5分钟内中蜂有140只采集蜂返巢，意蜂只有96只返巢。荞麦开花时期，中蜂1分钟可采集30～31朵花，意蜂只能采集25～26朵。中蜂在飞行时可避开敌害（燕雀、胡蜂、蜻蜓等）的捕捉，即使在暴风雨时也能很快返回巢内（图10−1）。

图10−1　中蜂体小翅长

第二，抗病、抗螨力强，对囊状幼虫病抵抗力弱。中蜂由于长期生活在野生的环境条件下，对自然环境的适应性很强，抗病、抗螨力也强，但对囊状幼虫病抵抗力弱（图10−2）。

第三，不采树胶。中蜂有不采树胶的习性，它填塞蜂箱缝隙和粘固巢框都是用蜂蜡，这给蜂群的管理工作带来了方便。

而且，中蜂所产蜂蜡质纯、洁白、熔点较高，是优质的蜂蜡(图10–3)。

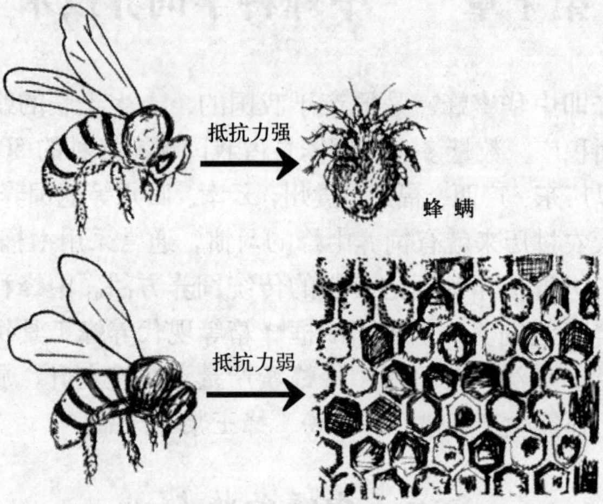

图 10–2 中蜂的抗病能力

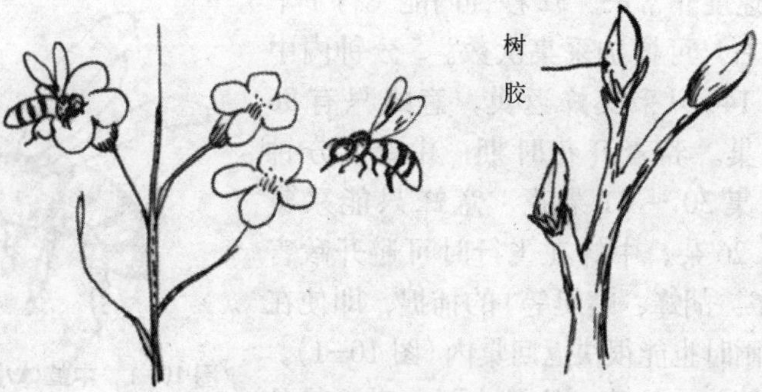

图 10–3 中蜂不采树胶

第四，抗寒耐热力强。这是中蜂的独有特点。中蜂在我国南方能够顺利地度过炎热夏季而群势不减，在北方能够在简单的蜂巢里顺利过冬。中蜂在外界气温达 10℃时就能够出巢飞翔采集，能够很好地利用早春、晚秋的零星蜜粉源。中蜂早晨 5 ~ 6 时就出巢采集，夏季中午温度上升至 30℃ ~ 40℃时仍照常工作，不影响造脾和繁殖（图 10–4）。

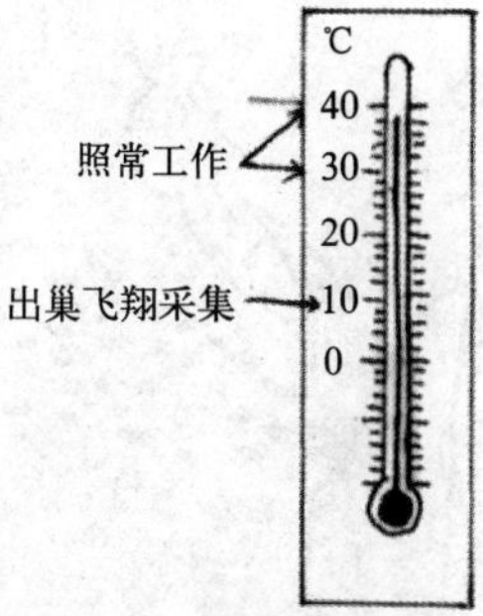

图 10–4　中蜂抗寒耐热力强

第五，嗅觉灵敏，善于采集零星蜜源。中蜂嗅觉非常灵敏，能够及时发现蜜源，采到其他蜂种采不到的零星蜜源。巢内时常存有花粉和蜂蜜，能够正常繁殖，适于在蜜源分散的山区饲养（图 10–5）。

图 10–5　中蜂善于采集零星蜜源

第六，造脾力强。中蜂不用巢础也能够造出整齐的工蜂巢脾，并且颜色洁白，蜂王很喜欢在新脾上产卵（图 10–6）。

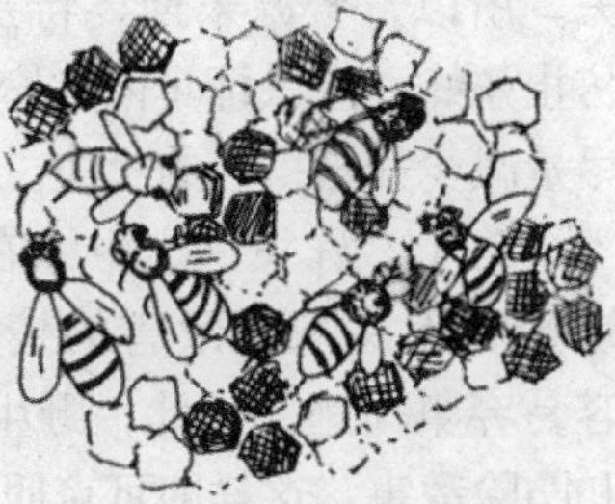

图 10–6　中蜂造脾力强

第七，好分蜂。生活在岩洞和树洞里的野生中蜂，由于蜂巢狭小，蜂群的发展受到很大限制，当蜂群发展到一定程度无法居住时，不得不分出小群（图 10–7），这就是中蜂好分蜂的主要原因。如果采用活框蜂箱饲养并进行人工选种，这种缺点是完全可以克服的。

第八，爱咬脾。中蜂常在以下几种情况下咬脾。一是越冬前蜂王停止产卵以后，外界气温在 15℃以下的时候，蜂群为了御寒，工蜂开始咬脾。二是越冬以后，工蜂开始咬坏旧脾修造

图 10–7　野生树洞中蜂分蜂

新脾，因为蜂王只在新脾上产卵。三是过旧的巢脾，即使没有巢虫，工蜂也要将其咬坏重新修造。旧脾内常有幼虫遗留下来的茧衣和粪便，房壁加厚，不能很好地传热和保温，所以在生产中要及时把旧脾化蜡，让中蜂多造新脾（图 10–8）。

图 10–8　中蜂咬脾

第九，好盗蜂。中蜂嗅觉灵敏，能及时发现蜜源，因此也容易盗窃别群的蜂蜜，由此引起盗蜂，使场内蜂群相互残杀造成损失。所以，蜜源末期要特别注意防止盗蜂，应保证巢内贮蜜充足，尽量减少开箱检查的次数。

第十，好飞逃。中蜂在严重缺蜜和无法抵抗敌害的情况下，容易弃巢飞逃。因此，野生中蜂过箱后应加强管理，及时饲喂和防除敌害，这样即可克服其好飞逃的缺点。

二、中蜂过箱技术

中蜂过箱是指将旧法饲养的蜂群移入活框蜂箱饲养，这是科学饲养中蜂的第一步。过箱是强迫性的拆迁，要损失一些蜂子、巢脾和蜜粉饲料，对蜂群的正常生活有很大干扰。

（一）过箱的方法

中蜂过箱的方法有两种，一种是不翻转蜂桶，用烟熏蜂巢，直接将蜂驱赶到另一边的顶部进行过箱；另一种是将桶翻转过来，利用蜜蜂向上飞的习性，敲击桶壁，迅速将蜂驱赶进收蜂的竹笼中进行过箱(图 10–9)。

（二）过箱操作

1．**割取巢脾** 旧法饲养的蜂桶可以搬到室内割脾。不论怎样过箱，都应注意保持巢脾与地平面纵向垂直，切割时应一手持刀，一手扶脾(图 10–10)，将巢脾割下后用手掌托出，平放在台面上，不可重叠堆积沾染蜂蜜，或被折断。接着进行修脾，把割下的巢脾切割整齐（图 10–11)。

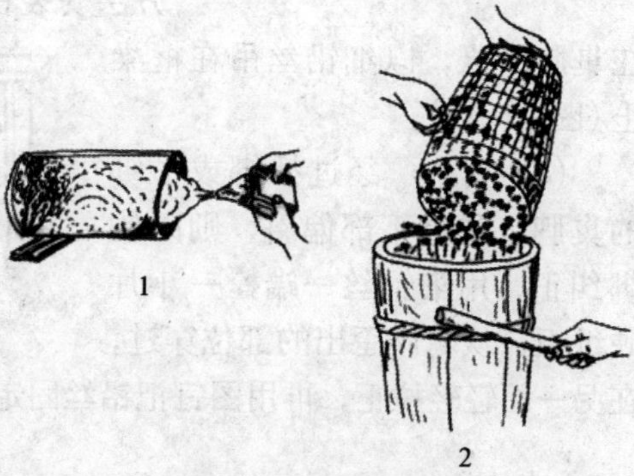

图 10–9 中蜂过箱

1. 不翻转蜂桶喷烟驱蜂过箱
2. 翻转蜂桶驱蜂入笼过箱

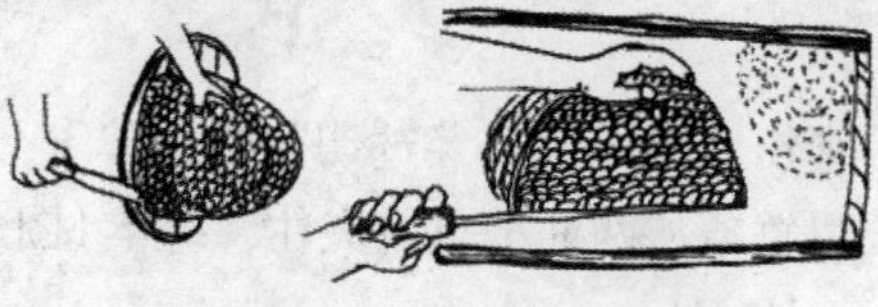

图 10–10 割 脾

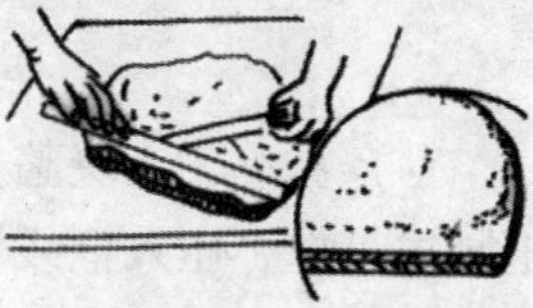

图 10–11 修 脾

2．**安装巢脾** 根据巢脾的情况，采取不同的上框方法。

(1) 插绑 已经培育过多代蜂子的黄褐色子脾，适合用插绑的方法。将子脾裁切整齐，套上巢框，上端紧贴上框梁，用小刀顺着框线划脾，深度以接近巢房底为宜，再用埋线器将框

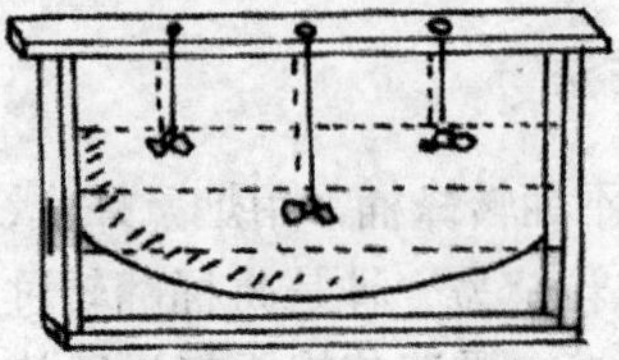

图 10-12　插　绑

线压入房底，然后用铁皮在适当位置嵌入脾中，穿入铅丝绑在框梁上。在裁切巢脾时，如果有蜂蜜流出，应立即擦净，避免蜂蜜沾染子脾(图 10-12)。

(2) 吊绑　新巢脾用吊绑的方法安装在巢框内，用厚纸板托在巢脾下缘，以细铅丝吊在框梁上(图 10-13)。

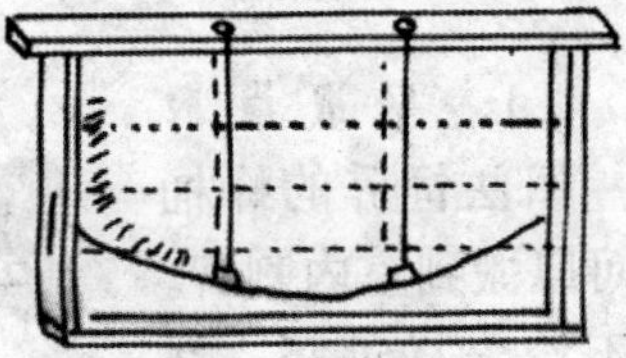

图 10-13　吊　绑

(3) 钩绑　经过插绑或吊绑的巢脾，如果下部偏斜，则以钩绑纠正。用细铅丝一端拴一小片硬纸板，从巢脾歪出的部位穿过，在另一面轻轻拉正，再用图钉把铅丝固定在框梁上(图 10-14)。

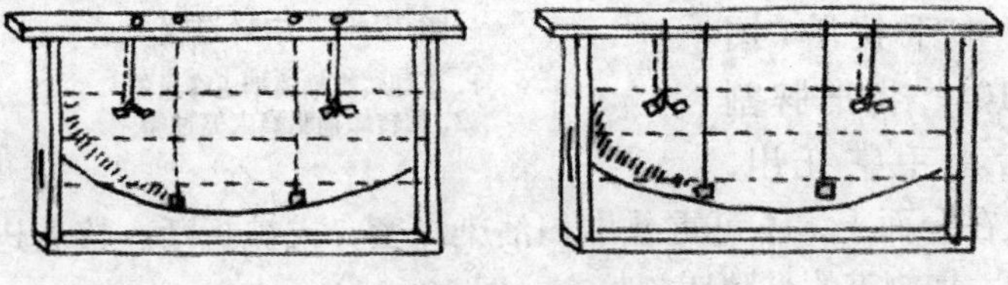

图 10-14　钩　绑

(4) 夹绑　大块整齐的蜜粉脾或子脾，经过切割使巢脾上、下紧挨巢框，压入框线后，用竹条从两面把巢脾夹住、绑牢(图 10-15)。

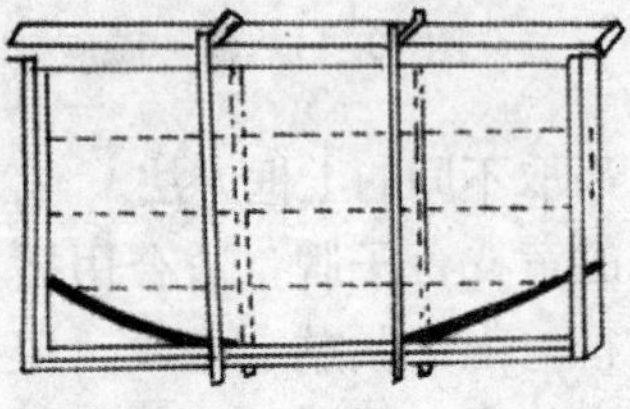

图 10-15　夹　绑

3. **移蜂上脾**　将放入巢脾的蜂箱放在老巢的位置，保持巢门方向不变。打开巢门，在起落板前斜靠一块木板或副盖，将收蜂笼提到斜板上方约 30 厘米的高处，用木棍敲击收蜂笼数下，将蜂团震落到斜板上，蜜蜂便会顺着斜板爬入蜂箱，爬上巢脾。集结在巢门外的小团蜜蜂，可用蜂帚催赶，使它们进入蜂箱(图 10-16)。

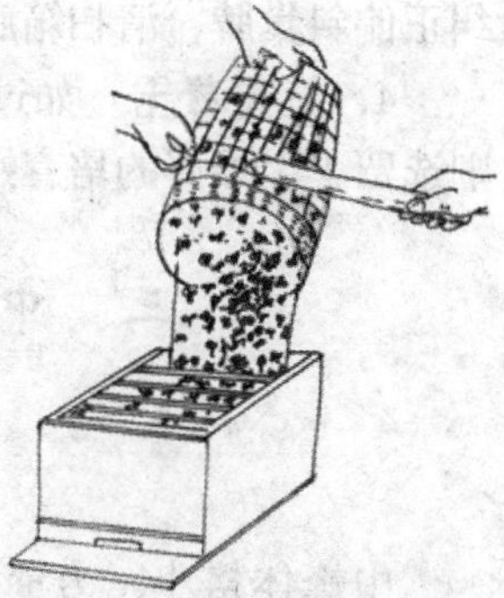

图 10-16　移蜂上脾

（三）过箱时的注意事项

第一，过箱操作要稳重、快速、细致。

第二，在割脾、驱蜂、抖蜂、收集箱外集结蜂团时，注意观察其中是否有蜂王。若发现蜂王，应捉住其翅膀放入蜂箱内的巢脾上。

第三，保留子脾和少量蜜粉脾，将黑色老脾和陈旧蜜脾淘汰不用。

第四，过箱后清理现场，将散落的蜂蜜冲净或埋掉，淘汰的巢脾摇出蜂蜜，加水煮熔化蜡，免遭巢虫破坏。

第五，过箱中蜂进入蜂箱后，将巢门缩小至 8 ~ 10 毫米，盖上盖布、副盖和大盖。如气温低，在隔板外空隙处加保温物。

（四）过箱后的管理

1. **奖励饲喂**　每天傍晚进行奖励饲喂，直到巢脾有 3 厘米左右的贮蜜，促进蜜蜂修整巢脾，刺激蜂王产卵。

图 10-17　箱外观察

2. **箱外观察**　过箱翌日进行箱外观察，如蜜蜂采集正常，积极清除死虫和蜡屑，表明蜂群已接受新巢，恢复正常生活(图 10-17)。

3. **全面检查**　过箱 3 天后进行全面检查。除去巢脾绑缚物，纠正偏斜巢脾，清扫箱底蜡屑污物。

4．**选留蜂王** 如过箱时丧失蜂王，但子脾上有改造王台，则选留 1 个最好的培育蜂王，也可诱入蜂王或与其他蜂群合并。

三、中蜂的饲养管理要点

（一）严防盗蜂

中蜂体格小、力量弱，抗击不过西方蜜蜂，不宜与西方蜜蜂同场饲养。在饲养中蜂时，蜂箱巢门可采用中蜂能自由出入而西方蜜蜂不能进入的圆洞巢门板（图 10–18），或采用其他能防止西方蜜蜂进入巢内的防盗巢门。

图 10–18 圆洞巢门板

（二）使用新蜂王

选择蜂王产卵力强、工蜂采集力强的蜂种作种群培育蜂王，及时更换产卵力差的衰老蜂王，保持全场蜂群长年使用新蜂王。

（三）多造新脾

有蜜源时多加巢础框修造新巢脾，以淘汰老巢脾。可以采取小群打基础的办法，即将巢础框加入小群的蜂巢外侧，待一面修造完成，再换另一面修造，最后提到强群里完成。

（四）饲养一部分双王群

可饲养一部分双王群，或将两个小群同箱饲养。这样既可以将小群及时培养强壮，加继箱取蜜，又可以储备一部分蜂王，当个别蜂群丧失蜂王时，可以立即诱入，防止工蜂产卵。

（五）控制分蜂热

中蜂的分蜂性比较强，使用新蜂王、多造巢脾、生产雄蜂蛹或蜂王浆等，都能抑制分蜂热的发生。个别蜂群造了有卵王台时，可以分成几个交尾群，以后将质量差的蜂王淘汰，将其合并到选留蜂王的交尾群中。

四、野生中蜂的收捕

我国各地的山林中蕴藏着大量的野生中蜂，对其进行收捕，改良饲养，对发展养蜂事业有重要意义。

（一）诱　捕

诱捕野生中蜂是指在适于中蜂生活的地方放置空蜂箱，引诱分蜂群或迁飞中蜂自动飞入。

诱捕野生蜂群应选择在小气候适宜、蜜粉源比较丰富、附近有水源、朝阳、目标明显的山麓或山腰放置蜂箱（图 10–19）。

在分蜂季节诱捕中蜂成功率高，如北方地区在 1 ~ 5 月份、南方地区在 11 ~ 12 月份是诱捕中蜂的适宜时期。南方亚热带地区 8 ~ 9 月份蜜源稀少，野生蜂群有迁飞的可能，也适

图 10–19　诱捕中蜂蜂箱摆放位置

于收捕。

准备诱捕前，新蜂箱要用淘米水浸洗（图 10–20），以除去木材的气味，晾干后内壁涂上蜂蜡。箱内放 3 ~ 5 个上了铅丝和窄条巢础的巢框，两侧加隔板，并用干草填满箱内空隙。巢门宽 8 毫米。将巢框和隔板用小钉固定，钉上副盖，盖上大盖。蜂箱放在背靠岩石或树身处，并用石块将蜂箱垫高。附有蜡基的旧蜂桶具有蜜蜡气味，也适宜用来诱捕野生蜂群。

图 10–20 用淘米水浸洗新蜂箱

在分蜂季节，每 3 天检查 1 次。久雨初晴时要及时察看。如发现野生中蜂已经入住，待傍晚蜜蜂归巢后，关住巢门，搬回饲养。采用旧蜂桶收捕的，应尽早过箱饲养。

（二）猎 捕

猎捕是根据野生中蜂的营巢习性和活动规律，追踪回巢蜂，找到野生蜂的蜂巢，再进行收捕的方法。北方地区以在夏季猎捕比较适宜，而在长江以南地区中蜂长年均可活动，以在 4 ~ 5 月份和 10 ~ 11 月份气候温暖、蜜源丰富、蜂群强壮时进行较好。

1. 寻找蜂巢

（1）追踪采蜜蜂　选择晴天上午 9 ~ 11 时，进山搜寻采蜜蜂，观察其回巢时的飞行活动和方向。采蜜蜂从花上起飞时，通常盘旋飞翔，然后朝蜂巢飞去。如果回巢蜂起飞时转 1 圈，飞行高度在 5 米以下，表明蜂巢距离不远，可继续追踪；若回巢蜂转 3 圈，飞行高度在 6 米以上时，说明蜂巢距离较远，追踪困难。

发现蜜蜂正在花上采蜜时，可用手持一小碟，碟中盛蜜，待飞来的蜜蜂采蜜返回时，追踪其飞行方向，步步前进，最后可以找到蜂巢（图10–21）。

图 10–21　手持蜜碟引蜂采集后追踪其飞行方向

在有野生中蜂活动的山区，可在距地面2米高的树叶上涂上蜂蜜，同时取些旧巢脾点燃，使之散发蜜蜡气味（图10–22），借此招引蜜蜂前来，并注意观察其飞行活动和方向。另外，在相距10米左右的地方，用同样的方法观察回巢蜂的飞行路线。向两条飞行线交叉的方向追踪，即可能找到蜂巢。

图 10–22　树叶涂蜜、燃烧旧巢脾以招引中蜂

还可用一根几十厘米长的线，一端系上一张小纸片，另一端系在捕捉到的采集蜂腰上，然后放飞。系着纸片的蜜蜂飞行缓慢，便于追踪（图10–23）。

（2）追踪采水蜂　中蜂常在蜂巢附近有水源的地方采水，因此细心观察溪边、田边或者有积水的洼地，如果发现采水蜂，就表明蜂巢距水源不超过1千米。

（3）寻找蜜蜂粪便　中蜂在集团飞翔（认巢飞翔）或者爽身飞翔时，常将粪便排在蜂巢附近，如果发现树叶、杂草上有黄色粪便，就表明附近有蜂巢。

（4）搜索树洞　中蜂常在有空洞的树干内营巢，可以请经常

图 10-23　追踪腰系纸片的飞行蜂

进山、经验丰富的人提供线索，沿着林边搜索树洞中的蜂巢。

2. 猎捕方法　发现野生中蜂的蜂巢后，准备好各种工具，如开挖洞穴的刀、斧、凿、锄，以及收蜂用的喷烟器（或者艾草）、收蜂笼（箱）、巢框、面网、木桶等。

（1）*树洞蜂或土洞蜂的收捕*　挖开洞口（图 10–24），适当敲击树干或土洞壁，大部分蜜蜂会爬离巢脾。之后再用烟熏，使蜜蜂脱离巢脾在空处结团，采用不翻巢脾过箱的方法，割脾、镶框、收蜂。操作时要特别注意将蜂王收入。

图 10–24　挖开树洞

（2）*岩洞蜂的收捕*　如果岩洞不能凿开，就先找到所有洞口，只保留其中一个洞口，其余用泥封住。向巢内投入蘸有 50% 石炭酸溶液或樟脑油的脱脂棉团（图 10–25），然后立即从保留的洞口插入 1 根直径 10 毫米左右的玻璃管，另一端伸入蜂箱巢门。蜜蜂受到刺激性气味的驱迫，纷纷通过玻璃管进入蜂箱。当看到蜂王已从管中通过，且洞中的蜜蜂基本上都爬出来后，关闭蜂箱巢门，运回处理。

图 10–25　向巢内投入散发刺激性气味的棉团

第十一章　蜜蜂病敌害防治与饲料、蜂具消毒技术

一、蜜蜂主要病害的防治

（一）美洲幼虫腐臭病

美洲幼虫腐臭病的病原为幼虫芽孢杆菌，菌体长 2 ~ 5 微米、宽 0.5 ~ 0.7 微米。在巢脾上能存活 15 年，在室内能存活 9 年，将蜂蜜煮沸 40 分钟后方可将其杀死，但在沸水中 11 分钟即可死亡。其症状是封盖幼虫和初期蛹发病死亡，死亡幼虫躺在巢房下壁，尾尖粘在房壁上，喙向上伸出。死虫干枯后呈鳞片状，不易移出，呈棕色胶状，有鱼腥臭味。封盖房蜡盖颜色变深，表面湿润，房盖下陷，最后出现针头大的穿孔。在封盖下陷时挑开巢房，可见幼虫变成褐色，用细棒插入封盖房挑取，可拉出褐色、黏稠、具腥臭味的长丝（图 11–1）。

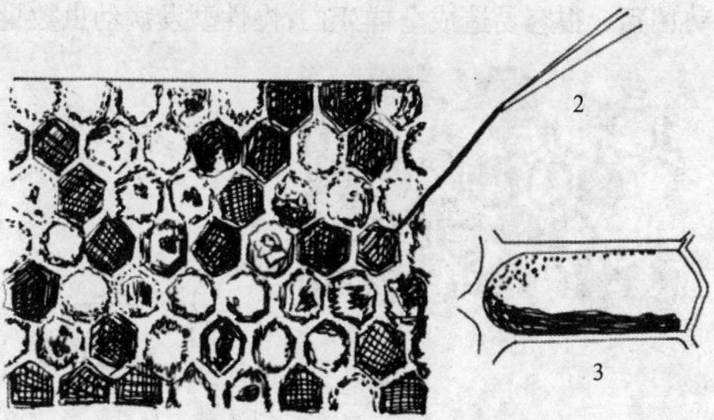

图 11–1　美洲幼虫腐臭病症状

1. 下陷、穿孔的封盖子脾　2. 挑取死虫可拉出长丝
3. 死虫干枯呈鳞片状贴于巢房底部

治疗美洲幼虫腐臭病可用磺胺嘧啶1克，溶于2升蜜水中，傍晚饲喂病群，每群每日喂0.25～0.5升，直至病愈为止。也可将0.25克土霉素或金霉素溶于1升蜜水中，每群每次喂0.5升，连喂1周左右。

（二）囊状幼虫病

囊状幼虫病又名囊雏病，常发生在春末夏初和秋末冬初季节。囊状幼虫病是由病毒引起的，感染力很强，1只刚死亡幼虫尸体内所含的病毒可使3000只以上的健康幼虫患病。

囊状幼虫病的症状是发病多为5～6日龄幼虫，幼虫死于封盖前后，很少见到化蛹后死亡。由于死虫不断被工蜂清除，蜂王在被清除干净的巢房内重新产卵，所以患病子脾出现“花子”现象。病虫虫体失去光泽，先呈苍白色，后变为黄色、黄褐色、褐色。随着体色变化，虫体逐渐软化，大量液体积聚于病虫躯体和它坚韧的、未蜕去的表皮之间，用镊子挑出，末端有一透明小囊，囊内充满水液。巢房不封盖或被工蜂咬开可见“尖头”。以后虫体水分蒸发，虫尸干瘪，呈黑褐色鳞片状贴于巢房壁，头、尾部略上翘，似“龙船状”(图11−2)。腐烂虫体无臭味，无黏性，容易被清除。中蜂发生本病时有两种类型，急性型大片子脾发病，来势凶猛，很容易造成全群死亡；慢性型发病幼虫数量不多，

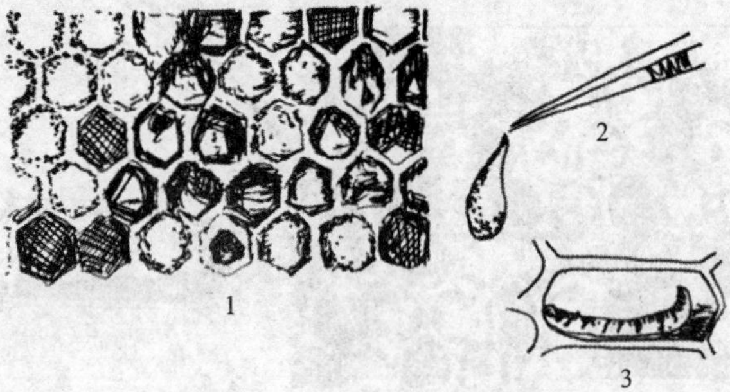

图11−2　蜜蜂囊状幼虫病症状

1. 患病子脾出现“花子”现象　2. 虫体末端的透明小囊
3. 死亡幼虫呈“龙船状”

病虫断续出现，群势逐渐下降。

治疗本病可使用以下方法：①半枝莲（又名狭叶韩信草）50克（干重），加入适量清水，先用大火煮沸，再以小火煎15分钟左右，滤去药渣趁热加入蜂蜜或白糖配成饱和药液糖浆，可饲喂8～10框蜂。隔天饲喂1次，连续饲喂5～6次为1个疗程。根据病情轻重可酌情再饲喂1～2个疗程。②华千金藤（又名海南金不换）50克（干重），加水2升，煎煮30分钟，过滤后取滤液加入等量白糖调匀，待傍晚大部分蜜蜂回巢后饲喂蜂群。每框蜂喂50～100毫升，每隔2～3天饲喂1次，连续饲喂4～5次为1个疗程。③盐酸麻黄碱3片，维生素D2片，水250毫升，再加适量蜂蜜和白糖混匀，可饲喂10～15框蜂。每隔1～3天饲喂1次，3～4次为1个疗程。④地塞米松磷酸钠2毫升，加糖浆0.25升，可饲喂5～8框蜂。

（三）欧洲幼虫腐臭病

欧洲幼虫腐臭病主要由蜜蜂蜂房链球菌引起，蜂房芽孢杆菌、腐败菌和蜂房杆菌也能引起。本病在气温低且变化大的春、秋两季较易发生，群势弱、巢温过低的蜂群更容易患病。本病不仅感染西方蜜蜂，东方蜜蜂特别是中蜂对本病抵抗力弱，发病后病情比西方蜜蜂更为严重。

欧洲幼虫腐臭病的症状是1～2日龄幼虫染病，通常在3～4日龄未封盖期死亡。病虫体变色，失去光泽，由珍珠白色变为淡黄色、黄色、浅褐色。病虫逐渐软化，蜷缩在巢房底部（图11–3）。尸体无黏性，挑取时不能拉成细丝，具有酸臭味。虫尸干后变成深褐色鳞片干缩在巢房底，容易移出或被工蜂清除。随后蜂王又在染病巢房产卵，出现“插花子脾”现象。由于幼虫大

图11–3 欧洲幼虫腐臭病症状

量死亡，蜂群中长期只见卵虫，不见封盖子。

治疗本病可饲喂由链霉素、青霉素、土霉素等药物配制的糖浆，其中以链霉素效果最好。可选择以上任意一种药物，用量为10万单位，加入1升糖浆中调匀，每10框蜂饲喂500毫升，每隔4天饲喂1次，直至病愈为止。

（四）蜜蜂孢子虫病

蜜蜂孢子虫病是由蜜蜂孢子虫寄生在蜜蜂中肠上皮细胞里所引起一种成年蜂的原生动物病。显微镜检查患病蜂中肠可见谷粒一样的孢子，长4.4～6.4微米、宽2.1～3.4微米。

本病发病高峰期在早春，患病蜂寿命缩短，采集力和泌蜡量显著下降。患病初期外部症状不明显，病蜂活动正常。随着病情发展，症状逐渐明显，病蜂体色呈深棕色，尾部发黑，腹部膨大，行动迟缓，并伴有腹泻现象。病蜂失去飞翔能力，在箱内外爬行，不久后即死亡。重病群的蜂王和雄蜂也会染病死亡。剖检可见病蜂中肠肿胀，呈灰白色，环纹模糊，失去弹性。

治疗本病可用黄色素，每升糖浆加1～2克，每群每次喂0.25～0.5升，隔天饲喂1次，连喂4～5次。

（五）蜂　螨

蜂螨是蜂群中的寄生虫，有大蜂螨和小蜂螨两种，是当前养蜂生产中严重为害蜂群的蜜蜂体外寄生虫。

图11–4　大蜂螨

大蜂螨雌虫虫体呈横椭圆形，棕褐色，体长1.17毫米。雄虫较雌虫小，体呈卵圆形，长0.88毫米、宽0.72毫米（图11–4）。

大蜂螨的卵期为1天，若虫期为7天（其中前期若虫4天，后期若虫3天）。成虫在繁殖期间平均寿命为44天，最长为55天，而越冬时期大蜂螨的寿命可长达 3 个月以上（图 11–5）。

小蜂螨雌虫虫体呈卵圆形，棕黄色，长 1.03 毫米、宽 0.56 毫米。雄虫虫体呈长卵形，浅棕色，长 0.95 毫米、宽 0.56 毫米（图 11–6）。

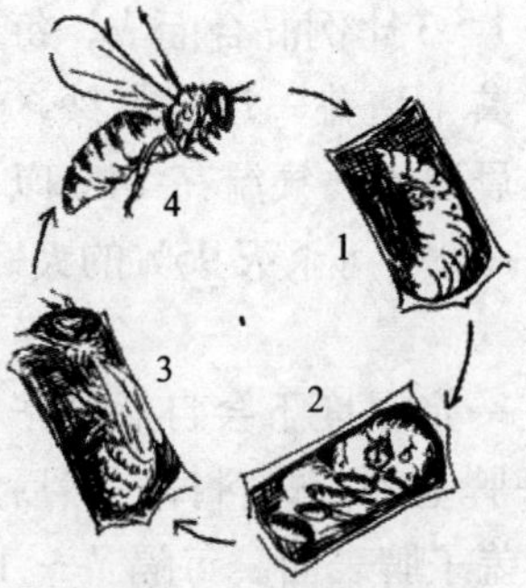

图 11–5　大蜂螨的生活史

1. 雌螨潜入 4 ～ 6 天的幼虫房内
2. 雌螨在封盖房内产卵繁殖
3. 新生蜂螨随新蜂出房
4. 蜂螨又寄生在蜂体上

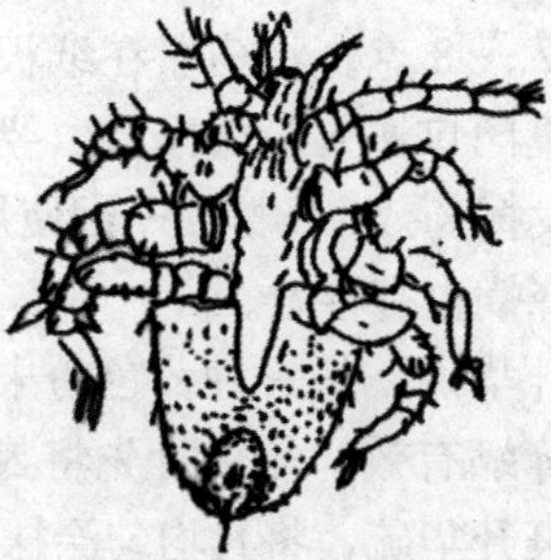

图 11–6　小 蜂 螨

驱杀大、小蜂螨可选择以下几种杀螨药物，疗效较为可靠。

杀螨剂 1 号：是一种有机氮类高效低毒杀虫杀螨剂，对人、蜜蜂安全，不污染蜂蜜。有 0.2 毫升 / 支和 0.25 毫升 / 支两种规格，使用时 0.2 毫升 / 支规格的每支对水 500 ～ 600 毫升，0.25 毫升 / 支规格的每支对水 700 ～ 800 毫升，用喷雾器均匀地喷在巢脾和蜂体上，每群喷药液 5 毫升左右（喷至蜜蜂体表有一层细薄雾液为止）。然后将巢脾放回原群，盖好蜂箱盖。喷药 10 分钟后蜂螨表现中毒，从蜂体上脱落，24 小时内全部死亡。喷药 1 ～ 2 次即可将蜂体上的蜂螨除净。

杀螨 2 号熏烟剂：本药对小蜂螨有特效。为 2 厘米 ×10 厘米大小的纸片，内含一定量的杀螨药物。纸片为淡红色或淡绿色。通常交尾群使用 0.5 片，巢箱群使用 1 片，继箱群使用 1.5 ～ 2 片。使用方法：将纸片用细铅丝穿挂在蜂群内无巢脾的空间（不要靠近蜂箱壁和巢脾)，点燃药片后立即盖好箱盖、关闭巢门。烟熏15分钟后，蜂螨即从巢脾和蜂体上脱落，在24小时内全部死亡。平时用药杀螨率可达93%，在蜂群断子期熏治1～3次可达到98%以上。本药具有使用方便、省工安全、对蜜蜂无害等优点。

杀螨剂3号：由萘与聚甲醛按1∶3比例混合而成，每群每次用7～8克。将药撒在纸板上，其上覆盖一层塑料纱，于傍晚从巢门口送入箱底熏治，翌日早晨取出。气温在14℃以上时即可发挥药效。蜂群断子期使用2～3次，可杀灭95%的大蜂螨，对小蜂螨也有特效。

升华硫：是一种黄色粉末，在一定温度下会自然升华，防治小蜂螨有效。使用时先将封盖子脾上的蜜蜂抖掉，然后用纱布包裹升华硫，将其均匀涂抹在封盖子脾表面。每隔7～10天使用1次，连续使用2～3次。也可将升华硫粉末均匀地撒在蜂路中，每条蜂路撒0.3克，每群约用3克。

（六）蜜蜂麻痹病

蜜蜂麻痹病是一种由急性麻痹病病毒和慢性麻痹病病毒引起的蜜蜂的主要疾病，多发生在春、秋两季。

患急性麻痹病的蜜蜂一般无明显症状，但死亡异常迅速。患慢性麻痹病的蜜蜂通常有两种症状，一种是黑蜂型，病蜂身体瘦小，腹部收缩，头部和尾部发黑、绒毛脱落，常被健康工蜂追咬，爬到巢脾边缘或箱底，甚至被驱逐到蜂巢外(图11–7)；身体颤抖、油黑发亮，似油炸状；行动迟缓，失去飞翔能力，不久后死亡。另一种为大肚型，病蜂腹部膨大，剖检可见蜜囊膨大，其中充满蜜汁；中肠呈乳白色，失去弹性；后肠

图11–7　蜜蜂麻痹病症状

常充满黄褐色稀粪，伴有腹泻现象；后足拖地，翅伸展，行动迟缓。一般情况下，气温较低的早春和晚秋季节，病蜂以大肚型为主，气温较高的夏季则以黑蜂型为主。

治疗蜜蜂麻痹病可使用以下几种药物：①用磺胺嘧啶钠1片和小苏打片1片，溶于1升蜜水中饲喂病群，每群每天喂0.5升，连喂4～5天。②在病群的每条蜂路或框梁上撒升华硫，每群每次用10～20克，每隔3～5天治疗1次。③抗蜂病毒1号，按1∶10比例用糖水稀释，隔天饲喂1次，每次每脾用药10～20毫升，连喂7天。

（七）枣花病

枣花病是成年蜂蜂病，多发生于华北地区流蜜期。此时天气干旱、酷热缺雨、湿度小、花蜜浓稠，蜜蜂在将花蜜吸食到蜜囊和胃内时，浓蜜吸收大量胃液，使胃壁受到损害，造成蜜蜂内分泌功能失调而导致发病。病蜂身体失去平衡，蜂体发抖，无力飞翔，乱爬并向前跳跃，对外界刺激反应迟钝，最后翅膀翘起，六肢抽搐，全身缩成钩状而死亡。

治疗本病可用甘草和2%苏打水加在稀释糖浆中饲喂病群，每日1次，连喂5～6天。

（八）卷翅病

本病是幼蜂在羽化过程中，由于缺乏营养或受高温干燥的影响，得不到发育所需要的适宜温度（34℃～35℃）和湿度（75%～80%）所引起。另外，蜜蜂受闷热影响也容易发生本病。其主要特征是幼蜂出房后翅不能伸展，形成卷翅。多发生于夏季，此时正值芝麻、棉花、黄麻、西瓜等花期。

预防卷翅病的措施如下：夏季盛暑期将蜂群放置在阴凉通风处，或在蜂箱上设置遮阴物，尽量避免阳光直射蜂群。经常在蜂箱周围洒水（图11–8），或在铁纱副盖上放置海绵、毛巾，每天向其上洒水，洒水量以滴下水滴为度，以保持幼蜂发育所

图 11-8　在蜂箱周围洒水

需的适宜温、湿度。

饲料和粉源充足的地区，注意取出多余的空脾，保持巢内有八成蜂，以利于哺育蜂子。

（九）农药中毒

农药中毒是当前养蜂生产中存在的一个严重问题。如果在蜜源植物开花期喷施杀虫农药，不但会使成年蜂大量中毒死亡，而且还会导致幼虫死亡和蜂王停止产卵，使蜂群群势削弱，严重时会全部死亡。

发生农药中毒时，全场蜂群会出现大批工蜂死亡的现象，特别是强群死蜂最多。蜜蜂中毒后，变得爱蜇人。大批成年蜂出现肢体麻痹、打转、爬行，无法飞翔，巢门外已中毒的蜜蜂做翻跟斗运动，跳跃爬动，相继死亡。死蜂吻伸出、张翅、呈勾腹状。

预防措施主要是与农作物、果树种植单位和当地农户取得联系，密切配合，在喷施农药时尽量采取措施，减少对蜜蜂的危害。具体做法如下。

第一，将蜂群安置在距离蜜源植物 100 米以外的地方。

第二，在蜜源植物大面积施药这天，应尽量控制蜜蜂出巢，其方法包括：①关闭巢门，但关闭时间不宜过长。②经常向蜂巢内洒水，其作用一方面是困住一部分蜜蜂使其不飞出蜂巢，另一方面可起解毒作用。③在施药前不摇蜜，使巢内饲料充足。④在棉花花期或其他缺少花粉的蜜源植物花期要经常给蜂群补充花粉或花粉代用品，以免巢内因缺少花粉而缩小卵圈。⑤及时防治病敌害。

二、蜜蜂主要敌害的防治

蜜蜂的敌害包括昆虫以及小动物等各种兽类，它们以破坏巢脾、盗食蜂蜜、捕食蜜蜂等方式危害养蜂生产，养蜂者应积极采取各种预防和捕杀措施，以保护蜂群，减少损失。

（一）蜡 螟

为害蜜蜂蜂巢的蜡螟有两种，即大蜡螟和小蜡螟，其幼虫称为巢虫（图 11–9）。

巢虫毁坏巢脾，同时还会造成蜜蜂幼虫或蛹死亡，引起所谓的“白头蛹病”，严重时还会引起蜜蜂飞逃，其中尤以中蜂受害最为严重。

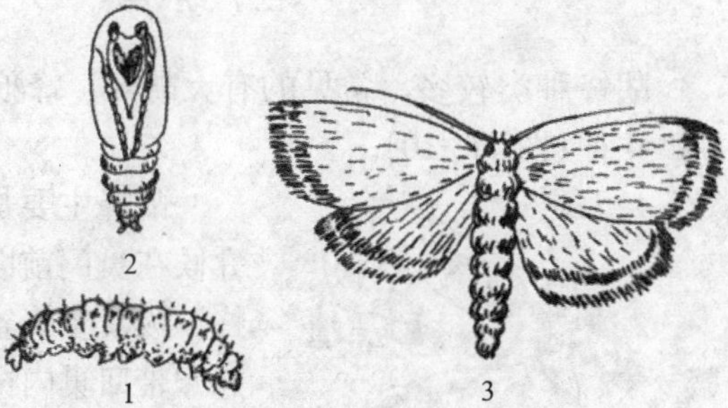

图 11–9 蜡 螟

1. 幼虫 2. 蛹 3. 成虫

防治方法：

①饲养强群，经常保持蜂脾相称，以增强蜂群抵御巢虫的能力。②糊严蜂箱缝隙，定期清扫箱底蜡屑，防止蜡螟产卵，清扫后用饱和盐水擦拭。经过如上处理，可保持蜂箱内 1 个月不生蜡螟。③用萘、甲醛合剂熏蒸，可使用治疗蜂螨用过的残药，每只继箱（装 10 框巢脾）用 20 克，撒在框梁上密封熏蒸，可防止蜡螟上脾产卵。④用硫黄烟熏蒸，除了对蜡螟有杀伤力外，还对多种细菌有杀灭作用。使用方法是：将巢脾放入空继箱，其内放 1 只盛有 3 ~ 5 克硫黄的碗，点燃硫黄，密闭烟熏 1~2 小时，过 10~15 天再熏 1 次。⑤用 10% 食盐水浸泡巢脾 2 小时，然后用摇蜜机摇出巢脾中残留的食盐水，可彻底杀死巢中蜡螟并有效

预防蜡螟产卵、繁殖。但使用此法后巢脾易潮湿，而且使用时还需用清水冲洗。

（二）蟾　蜍

蟾蜍白天躲藏在草丛中或箱底下，夜间守候在蜂箱周围，吞食在巢门前乘凉或扇风的蜜蜂，采水的蜜蜂也常遭其捕食。1只蟾蜍一晚上可吃掉近百只蜜蜂。因此,养蜂场要随时清除杂草，使蟾蜍无处躲藏，同时将蜂箱架高，以防停在巢门外的蜜蜂被蟾蜍吞食。蜂场中要设置饮水器,以免蜜蜂到水沟中采水而受害。

（三）胡　蜂

胡蜂种类较多，常见的有大胡蜂、蜂狼、长脚胡蜂和普通胡蜂 4 种 (图 11–10)。

图 11–10　胡　蜂

胡蜂主要是盘旋在蜂场上空或守候在巢门前以及在田野里捕捉蜜蜂，吸食蜜蜂蜜囊内的蜜汁，并将蜂尸带回巢内饲喂幼虫。

防治方法：①人工扑灭。蜂场发现胡蜂为害时，可用苍蝇拍扑打。②诱杀。可用毒饵诱杀法和携带诱杀法。毒饵诱杀是用敌百虫粉拌于切碎的牛肉、猪肉或蛙肉内，然后盛装在盘碟内置于蜂场附近，当胡蜂取食后即可将其毒死。携带诱杀是用捕虫网将胡蜂捕捉后，用镊子将其夹住，将敌百虫糖浆涂抹在胡蜂的腹部或胸部,再把它放走。当该胡蜂回巢后，其他胡蜂就会来舔食其身上的有毒糖浆，从而将巢内胡蜂毒死。③巢穴毒杀。当发现胡蜂巢穴后，可用敌百虫粉撒在巢穴上，1天后即可将整群胡蜂杀死。

（四）蚂　蚁

蚂蚁是一种分布极广的昆虫，尤以高温潮湿或森林地区分布最多。

蚂蚁常在蜂箱附近爬行，并常从蜂箱缝隙或巢门进入蜂箱，偷食蜂蜜和袭击蜜蜂，严重时可毁灭全群。我国南方的白蚁，虽然不直接为害蜜蜂，但常蛀食蜂箱，亦给养蜂者带来损失。

防治方法：在蜂场上发现有蚂蚁为害蜂群时，可将蜂箱垫高，也可在蜂箱周围撒上生石灰。此外，还可喷洒 5% ~ 10% 亚硫酸钠溶液进行防治。

此外，还可采用诱杀的方法进行防治。取硼砂 60 克，白糖 400 克，蜂蜜 100 克，水 1 000 毫升，充分混合溶解后分装在小器皿内，放在蚂蚁经常出没的地方，即可收到良好的诱杀效果。

三、饲料和蜂具的消毒

（一）饲料的消毒

用来饲喂蜜蜂的饲料应干净、不带病菌，对于不清洁和外来饲料都应进行消毒。饲料糖蜜常用加温煮沸的方法消毒。具体方法是：将蜂蜜加少量水稀释，置于锅内加热，待蜜温达到 100℃时，保持 30 分钟，然后晾至室温后即可饲喂蜜蜂（图 11–11）。

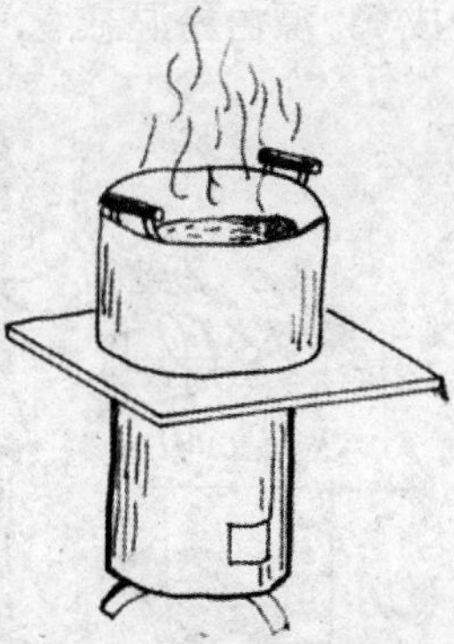

图 11–11　加温煮沸消毒饲料

（二）蜂具的消毒

1. **甲醛溶液消毒**　40% 甲醛溶液 1 份，加水 9 份，混匀后将空脾和小件蜂具浸泡 24 小时，甩净药液，用清水冲洗、晾干。也可将巢脾装入继箱，每箱装 8 张脾，再取 1 个有纱窗的空巢箱，除去其上的铁纱，在上面摞上 5 只装满巢脾的继箱，盖上木副盖，糊严各处缝隙。用瓷质或玻璃容器放入

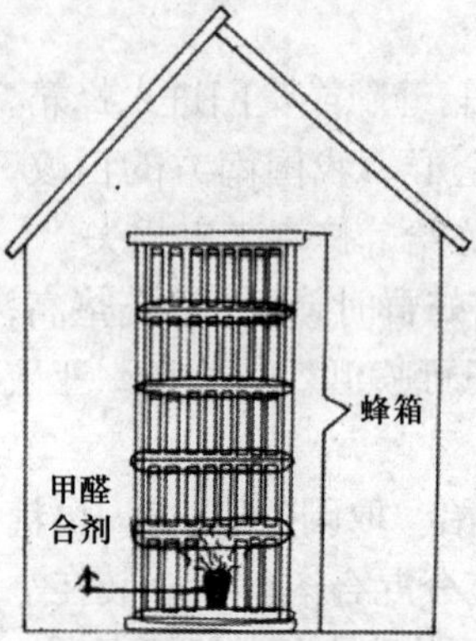

图 11–12　甲醛熏蒸消毒

40% 甲醛溶液 2 份、水 1 份，通过窗口放入巢箱，再向药液中加入高锰酸钾 2 份，然后迅速将窗口糊严，用所产生的甲醛蒸气熏蒸 24 小时(图 11–12)。

2. 食盐消毒　在 1 升水中加入食盐 360 克，配制成饱和盐水，然后将空脾和小件蜂具放入其中浸泡 24 小时(图 11–13)。

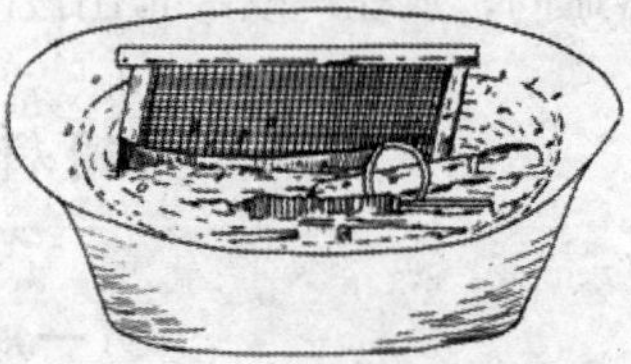

图 11–13　饱和盐水浸泡蜂具消毒

3. 氢氧化钠溶液消毒　在 50 升水中加入氢氧化钠 1 千克，配成 2% 氢氧化钠溶液，加热煮洗蜂具、盖布、工作服等，消毒后用清水冲洗干净即可使用(图 11–14)。

4. 漂白粉混悬液消毒　在 50 升水中加入漂白粉 2.5 千克，配成 5% 漂白粉混悬液，洗刷蜂箱和木制蜂具(图 11–15)。

图 11–14　2% 氢氧化钠溶液煮洗蜂具

图 11–15　5% 漂白粉混悬液洗刷蜂箱和木制蜂具

5. 石灰乳消毒 生石灰5～10千克，加水50升，配成10%～20%石灰乳喷刷地面和墙壁，常用于越冬室和蜂场消毒（图11–16）。

图11–16 10%～20%石灰乳喷刷地面和墙壁

6. 84消毒液消毒 蜂箱、蜂具、巢脾受到细菌污染时，可用84消毒液配成0.4%浓度溶液洗涤、浸泡10分钟；受到病毒污染时，可用5%浓度溶液洗涤、浸泡90分钟。

7. 氧原子消毒器消毒 氧原子消毒器通电时，电火花产生臭氧，有杀菌消毒作用。巢脾消毒可选用功率为3瓦的氧原子消毒器（图11–17）。4～5个装满巢脾的继箱堆成一垛，从下面通入消毒器导管，然后密封继箱，通电2小时即可完成消毒。

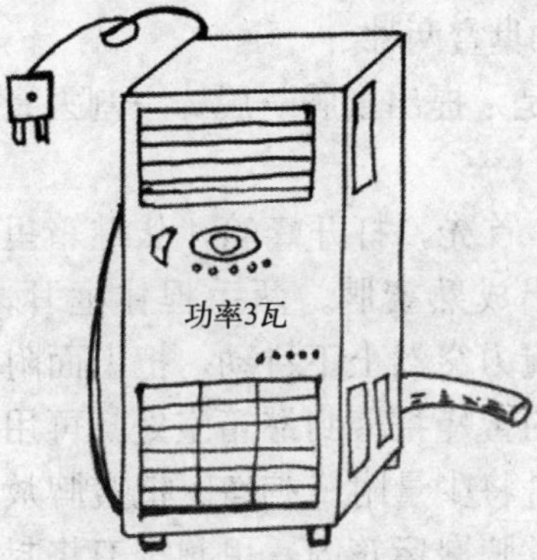

图11–17 氧原子消毒器

8. 硫黄消毒 在平整的地面上放一个空继箱，其上叠加3个放有待消毒巢脾的继箱，用棉垫盖严，用纸糊严继箱之间的缝隙，以防硫黄烟散失。在最下面的空继箱内点燃硫黄，利用硫黄燃烧产生的二氧化硫杀灭蜡螟、蜂螨、真菌和孢子虫的孢子等。一般每隔7天熏蒸1次，连熏3次。

另外，小件蜂具亦可用0.3%高锰酸钾溶液浸泡消毒，小型铁质器具可用75%酒精擦拭消毒。

第十二章　蜂产品生产技术

蜜蜂在为农作物授粉、大幅度提高农作物产量和质量的同时，还为人类提供了大量的蜂产品，主要包括蜂蜜、蜂王浆、蜂花粉、蜂胶、蜂蜡、蜂毒以及雄蜂蛹等。蜂产品自古以来就很受人们喜爱，其不仅是营养价值很高的保健食品和药品，而且是工业、医药和食品加工业的重要原料，具有很高的经济利用价值。

一、蜂蜜生产技术

蜂蜜是蜜蜂用舌管吸取植物蜜腺分泌的花蜜以及枝叶和某些半翅目昆虫分泌的甜汁，在口器和蜜囊内混入转化酶，经过蒸发水分酿造而成的香甜胶状液体，是蜜蜂的主要饲料。目前利用蜂群生产蜂蜜主要有分离蜜和巢蜜两种。

生产分离蜜的基本操作过程是：提出蜜脾→脱蜂→割去蜜房盖→摇蜜→过滤→按花种分装。

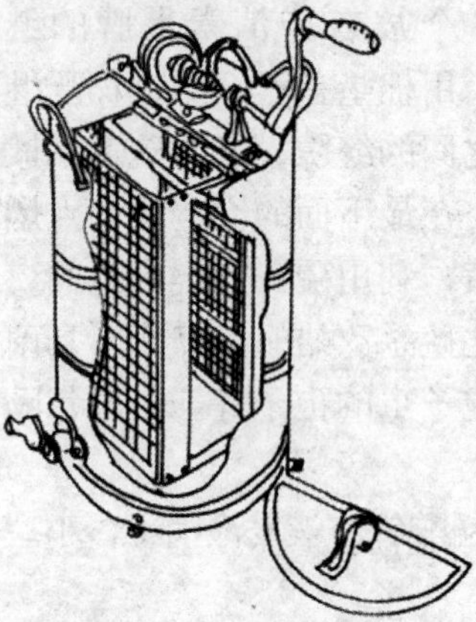

图 12–1　摇 蜜 机

首先，打开蜂箱，从继箱里提出成熟蜜脾。两手捏住框耳，用腕力突然上下抖动，把上面附着的蜜蜂抖落到继箱空处，再用蜂帚将少量附蜂扫净。把蜜脾放在巢脾搬运箱内，用割蜜刀将封盖蜜房的房盖割去。将蜜脾放入摇蜜机框内，转动摇蜜机，即可将蜂蜜分离出来(图 12–1)。

用摇蜜机摇出的蜂蜜要用过滤器(图 12–2)过滤，以除去蜂尸、蜡屑和幼虫等杂物。摇蜜机等用过后须用清水洗涤，洗涤后的蜜水可以用来喂蜂。

由于蜜源、产地和蜜汁成熟度不同，蜂蜜的成分也有差异。一般蜂蜜含水分18.01%，葡萄糖和果糖74.41%，蔗糖1.3%，糊精和非糖物质4.76%，矿物质0.17%，有机酸0.1%，还含有少量的酶、芳香物质和各种维生素等(表12-1)。

图12-2 过滤器

表12-1 各种蜂蜜的营养成分（%）

成分 含量 品种	葡萄糖	果糖	蔗糖	糊精	灰分	粗蛋白质	水分	备注
油菜	42.2	34.25	3.36	0.37	0.04	0.22	18.31	
紫云英	35.37	39.75	3.51	0.75	0.05	0.2	18.13	
棉花	38.98	42.9	0.7	1.9	0.08	0.4	14.63	
荞麦	31.1	43.91	——	1.45	0.04	1.26	22.1	
苜蓿	36.28	39.4	2.82	3.14	0.05	0.43	17	

经专家研究表明，人体血清与蜂蜜所含部分矿物质的含量相差无几，可见蜂蜜中的矿物质元素与人类健康有密切关系，中老年人适量食用蜂蜜对其健康大有益处(表12-2)。

表12-2 人体血清与蜂蜜所含部分矿物质含量对照（%）

元素名称	人体血清（据Pallabin分析）	蜂蜜（Shcmian分析）
镁	0.18	0.18
硫	0.04	0.001
磷	0.05	0.019
铁	微量	0.0007
钙	0.011	0004
氯	0.036	0.029
钾	0.03	0.386
碘	微量	微量
钠	0.32	0.001

二、蜂王浆生产技术

蜂王浆是幼龄工蜂舌腺和上颚腺共同分泌的一种乳白色浆状物，其味酸涩，略带辛辣，有独特的香味。因其主要用于饲喂蜂王，故名蜂王浆。同时，也是3日龄工蜂和雄蜂幼虫期的食物。蜂王浆原产于自然王台和早期工蜂、雄蜂的幼虫房中，现在可以通过人为手段促进蜂群生产蜂王浆。一般在气温不低于15℃、外界有蜜粉源、且有适宜群势的蜂群即可生产蜂王浆。其主要技术措施是选育高产蜂群，培育适龄工蜂，组织产浆群，利用蜜粉源多产浆。

生产蜂王浆的工具包括王浆框、蜡碗棒、移虫针、割台口刀片、夹幼虫镊子、取浆画笔、酒精、贮浆瓶等。

采收蜂王浆时，提出产浆框的动作要慢，轻轻抖落部分蜜蜂，防止剧烈振动将蜂王浆溅出。用蜂帚把剩余蜜蜂扫净。将加高的王台上部割去，用不锈钢镊子把幼虫轻轻夹出，集中放于另一容器中保存。然后用画笔将蜂王浆挖出，装入塑料瓶密封，冷冻贮藏。有条件的可用真空吸浆装置采收。取完浆后立刻移虫，以免王台里的余浆干涸。未接受的王台用小刀清理干净，涂上一薄层蜂王浆后再移虫。

蜂王浆中含有较丰富的营养物质，其具体含量见表12–3。

表12–3　蜂王浆所含化学成分

成　分	含　量	成　分	含　量
水	60%～70%	钾	650毫克/100克干重
蛋白质	10%～10.24%	钙	30毫克/100克干重
糖　分	9%～16%	钠	130毫克/100克干重
脂肪和脂类	1.5%～7%	镁	85毫克/100克干重
灰　分	0.4%～2%	铁	7毫克/100克干重
不确定物质	0.4%～0.8%	锌	6毫克/100克干重
维生素B_1	690微克/100克干重	/	/

常食用蜂王浆可促进食欲、增加体重，使人精力充沛、心情舒畅。可预防多种疾病，降低血液中胆固醇和甘油三酯含量等，对防止动脉硬化亦有一定作用。外用可使皮肤致密，巩固毛发。还可辅助治疗肝炎、神经衰弱、风湿性关节炎、贫血、溃疡等。

三、蜂蜡生产技术

工蜂腹部下方最后 4 个环节各有蜡腺 1 对，蜂蜡是工蜂蜡腺的分泌物。蜡腺外面有透明的几丁质蜡板，蜡腺分泌出液状蜡质在蜡板上和空气接触后形成蜡鳞。工蜂用后足的花粉刷将蜡鳞挑入口内咀嚼，混入唾液，以增加蜡鳞的黏度，然后吐出粘于巢础上部，逐渐形成巢房。

蜂蜡具有防潮、绝缘、可燃、可塑、有光泽等特性，广泛应用于工业、农业和医药制造业，可用于制作化妆品、油膏、发蜡、唇膏、药膏、中药丸衣、黏性蜡等，在医疗方面可用于镶牙时制作印模。另外，还可用于家具上光、火药防潮等。

生产蜂蜡的措施包括：①让蜂群多造新脾，淘汰旧脾造蜡。②加宽蜂路，加厚蜜脾。③在蜂箱中放置采蜡框（图 12–3）。④日常收集零散蜡屑。

图 12–3 采蜡框

提取蜂蜡可采用太阳能提蜡法，即利用阳光的热能，把蜡原料熔化，使杂质分离，制成优质蜂蜡。具体操作时，需使用日光晒蜡器，其为一木箱，大小以可放入一张巢脾为宜，内有装蜡原料的铁盘。铁盘下部呈梯形，以便液状蜡流出。下口装有 60 目的铜丝纱，用于分离杂质。再下面有铁质盛蜡盘。木箱上有双层玻璃盖，箱下有腿，另有外盖，不用时盖上，用时把废巢脾、蜡屑、自然脾放入装原料的铁盘，盖上盖，置于烈日下暴晒，则蜂蜡即可熔化流入盛蜡盘中(图 12–4)。

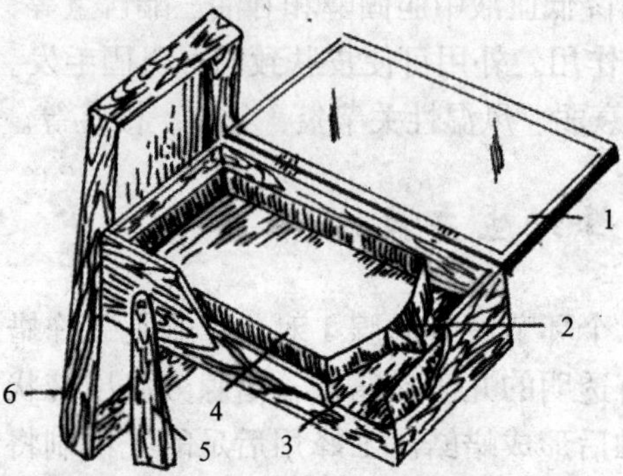

图 12–4　日光晒蜡器

1. 双层玻璃盖　2. 熔蜡出口　3. 盛蜡盘　4. 原料盘　5. 箱腿　6. 外盖

四、蜂花粉生产技术

蜂花粉是蜜蜂采集并经过简单加工后的植物花粉与其他分泌物的混合物。花粉是高等植物的雄性配子，是植物生命之源、传宗接代之本。蜂花粉是含糖量高、营养丰富齐全的天然保健佳品，有独特的医疗功能。

蜂花粉中含有大量的蛋白质、氨基酸、糖类、维生素和酶，还有脂类、激素、矿物质等成分(表 12–4)。其中，维生素含量极其丰富(表 12–5)。

表 12–4　蜂花粉的主要化学成分　(%)

成　分	水　分	蛋白质	氨基酸	碳水化合物	粗脂肪	灰　分	纤维素	未知成分
含　量	15～20	20～25	4～7	25～48	8.5	3	5	3～4

表 12–5　蜂花粉中所含维生素种类及含量　(微克 /100 克)

种　类	含　量
维生素B_1	9.2
维生素B_2	18.5
维生素B_3	50
烟酰胺	200
维生素B_6	5
叶　酸	5
维生素C	7000
维生素A原	5000～9000

生产蜂花粉必须使用巢门脱粉器。巢门脱粉器是设置在蜂箱巢门处的脱粉装置，主要由脱粉板、集粉盒和器体组成，其长度与蜂箱巢门板相同，高 55 毫米，脱粉孔直径 5 毫米，使用时将脱粉器固定在巢门处，蜜蜂采集回巢时通过脱粉孔，即可将后足上携带的花粉团集于集粉盒中（图 12–5）。

图 12–5　蜜蜂通过巢门脱粉器

刚采回的花粉团含水量在 20% 左右，置于常温下容易变质。因此，必须将刚采回的花粉进行干燥，使其含水量降至 4%，达到商品花粉的要求。常用远红外线花粉干燥箱干燥花粉，该干燥箱采用直热式远红外线加热元件，具有省电、热效高等特点。

五、蜂毒生产技术

蜂毒是在蜜蜂毒囊中排出的液体分泌物，是蜜蜂的防卫武器。其成分主要是肽类物质（占蜂毒干物质的 7%～8%），还含有 55 种酶类物质。

采集蜂毒宜在流蜜期刚结束、气温在 15℃以上时。将群内饲料充足的强群作为取毒群，利用巢门取毒器（图 12–6）采集蜂毒。取毒器可使用直流电或交流电，使用时将取毒器放在巢门前，调好电压，采用直流电时，每群每次取 5 分钟；使用交流电时，每群每次可取 30 分钟。取完后，将平板玻璃取下，置于室内晾干，在放大镜下计数。1 个明亮晶点即 1 个蜂毒单位。然后用刀片将蜂毒刮下，装入玻璃瓶内密封贮存。

目前，我国已颁布了蜂毒的等级质量标准，具体内容见表 12–6。

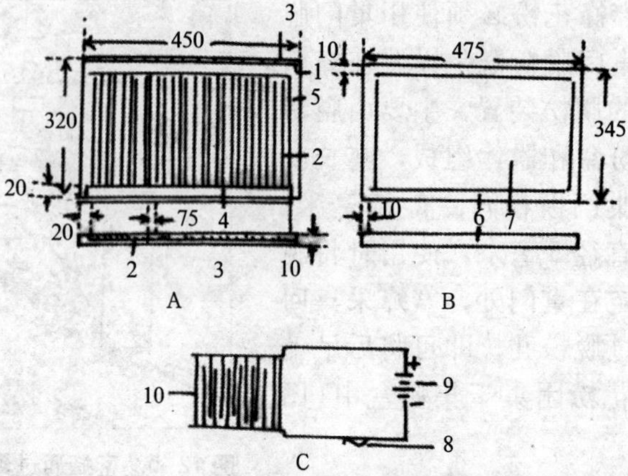

图 12–6　巢门取毒器　（单位：毫米）

A. 电极支架　B. 取毒木盒　C. 电路

1. 接线柱　2. 钢丝　3. 铜丝　4，5. 电极支架木框　6，7. 取毒木盒边框

8. 开关　9. 电池　10. 取毒器

表 12–6　蜂毒等级质量标准

	项　目	指　标		
		优等品	一等品	合格品
感官指标	颜　色	白 色	灰白或浅黄色	棕黄色
感官指标	状　态	针状或粉末状晶体		粉末状晶体
感官指标	气　味	具有蜂毒特殊气味		
感官指标	滋　味	苦　味		
理化指标	杂质（%）	≤4	≤5	≤8
理化指标	水分（%）	≤4	≤5	≤10
理化指标	多肽总蛋白（%）	≤85	≥80	≥75
理化指标	蜂毒肽（%）	≤55	≥50	≥45
理化指标	磷脂酶A_2活性（毫克）	≤35	≥30	≥25

蜂毒具有抗菌、消炎、镇痛、降血压、抗辐射等作用，能抑制 20 多种细菌，是治疗关节炎、风湿病的天然药物。蜂毒中所含的多肽具有抗炎作用，并可促进血液中肾上腺皮质激素增加，可治疗神经炎等。

六、蜂胶生产技术

蜂胶是蜜蜂采集树胶并经其口器加工后的产物，其主要成分包括55%的树脂和树香，30%的蜂蜡，10%的芳香挥发油和5%的花粉混合物等。

蜂胶具有抗菌、抗病毒的作用，可用于局部麻醉，促进溃疡愈合，增强毛细血管通透性，还有活血化淤、消炎、止痛等作用。

采集蜂胶可使用格栅采胶器。该器具用杉木条制成，横向木条宽20毫米、厚5毫米；纵向木条宽25毫米、厚5毫米。木条两端用小圆钉固定。木条间的距离开始时为2～3毫米，以后随着蜂胶数量的增多，可逐步扩大。采胶器放在框梁上，每年取1次胶。取胶结束时，把采胶器放在凉水中浸泡，木条吸足水分，蜂胶即可脱落。这样既省工，又可避免刮胶时混入木屑。

目前，我国农业部已颁布了蜂胶的感官指标，具体内容见表12–7。

表12–7 蜂胶的感官指标

气　味	有明显的芳香味
色　泽	褐色、灰褐、暗绿、灰黑色等，有光泽
滋　味	有明显的辛辣感
状　态	不透明的团块或碎片，在35℃以上逐渐变软，有黏性和可塑性

七、雄蜂蛹生产技术

雄蜂蛹是高蛋白质、低脂肪的高级营养品。新鲜雄蜂蛹含水量为73.23%～80.16%，含干物质19.84～23.64%（其中含粗蛋白质41.50%～63.1%），此外还富含多种矿物质和维生素。

为了提高雄蜂蛹的产量，在流蜜期可给蜂群中加入带有雄蜂巢础的框架，引诱蜜蜂筑造规格统一的雄蜂脾。选择群势在12框以上的蜂群作为生产群，在巢箱内放入蜂王产卵控制器，将蜂王和带蜜蜂的雄蜂脾提入产卵控制器内，并在傍晚对蜂群进行奖励饲喂。5 ~ 6天后，即雄蜂脾上的卵孵化2 ~ 3天后，将其提出让本群工蜂继续哺育至全部封盖，然后提到继箱内保存。接着在控制器内可再加入1张雄蜂脾让蜂王继续产卵，产满后同样提出让本群工蜂哺育至封盖并提到继箱中。

雄蜂幼虫封盖10天后(即从卵算起第二十二天)，当雄蜂蛹附肢发育完全、复眼呈浅蓝色时，即可采收。将封盖的雄蜂蛹脾从蜂群内提出，抖掉脾上的蜜蜂，拿到室内。操作者左手平持雄蜂脾，使脾面呈水平状态，右手持一小木棒轻轻敲打框梁四周，将巢房内的雄蜂蛹震离房盖，然后用割蜜刀割去房盖，翻转巢脾使割开的房口朝下，再用小木棒轻轻敲打框梁四周，将雄蜂蛹震落到浅瓷盘中。一面采收完毕后用同样方法采收另一面，两面全部采收后，再用小镊子挑出个别未震落的雄蜂蛹，采收即告完成。

参考文献

[1] 诸葛群 . 养蜂法 [M]. 北京 : 中国农业出版社，2001.

[2] 黄文诚 . 养蜂技术（第 4 版）[M]. 北京 : 金盾出版社，2009.

[3] 邵有全 . 养蜂技术 [M]. 太原 : 山西高校联合出版社，1990.